깜짝 놀랄 만큼 맛있는
닭가슴살 반찬

가사하라 마사히로 지음
곽현아 옮김

산피료론
笠原 将弘
가시하라 마사히로

내가 사랑하는 닭가슴살

저희 부모님은 야키토리 식당을 운영했습니다. 그래서 어릴 적부터 날마다 닭고기를 먹었지요. 지금도 가장 좋아하는 고기가 무엇이냐고 물으면 닭고기라고 대답합니다. 닭고기에는 다리살, 가슴살, 날개, 안심 등 여러 부위가 있고, 부위별로 맛있게 조리하는 방법이 있습니다. 저도 요리사가 된 지 어언 30년이나 지난 만큼 셀 수 없을 정도로 많은 닭 요리를 만들었지만, 최근에 닭고기의 매력에 다시 사로잡혔습니다. 그중에서도 가장 빠져 있는 부위가 바로 닭가슴살입니다.

닭가슴살이라고 하면 담백하고 퍽퍽하다는 이미지가 있지만, 포인트만 잘 잡으면 최고의 요리가 됩니다. 칼로리가 낮은 데다 가격까지 저렴합니다. 다양한 모양으로 썰기도 쉬워서, 구이, 튀김, 찜, 볶음 등 만들 수 있는 요리의 폭도 넓습니다. 게다가 맛있는 국물도 우려낼 수 있지요. 너무 팔불출 같았나요?

이번에 닭가슴살 레시피로만 요리책을 만들 기회를 얻게 되어, 제가 가진 3만 개는 족히 넘을 듯한 닭가슴살 요리 레시피 중 가정에서도 쉽고 맛있게 만들 수 있으며, 만들 만한 보람이 있는 요리를 엄선해 보았습니다. 소개하는 모든 요리가 자신감으로 가득합니다. 요리의 종류도 일식부터 양식, 중식, 아시아 요리 등 다양하지요. 이 책 한 권만 있다면 여러분도 내일부터 닭가슴살 요리 전문가가 될 수 있을 것입니다. 슈퍼마켓 닭고기 판매대의 닭가슴살이 모두 동나는 그날이 그리 멀지 않았으리라 확신합니다. 그럼, 여러분, 오늘 밤에도 맛있는 닭가슴살 요리로 건배해 봅시다!

차 례

제 1 장

가족들이 좋아하는
닭가슴살 반찬

이 책의 사용법

- 1작은술=5mL, 1큰술=15mL, 1컵=200mL다.
- 쌀은 1홉=180mL다.
- '육수'는 일본풍 육수를 의미한다. 다시마와 가다랑어포는 취향에 맞춰 사용하면 된다.
- '밀가루'는 특별히 언급하지 않는 이상 박력분을 가리킨다.
- 레시피에서 채소 '씻기', '껍질 벗기기' 등의 전처리 작업은 생략했다. 특별한 표기가 없다면, 전처리 작업을 한 다음부터의 순서를 설명했다.
- 프라이팬은 테플론 가공을 한 것을 사용하고 있다.
- '물에 푼 전분 가루'는 전분 가루를 같은 양의 물에 녹인 것을 의미한다.

기본 조미료

조미료에는 다양한 종류가 있는 만큼 어떤 조미료를 사용하는가에 따라 음식의 맛이 달라집니다.
제가 항상 사용하는 조미료를 소개하겠습니다.

미림

부드러운 감칠맛을 가진 혼(本)미림을 사용한다. 미림 조미료는 대부분 알코올 대신 식염 등을 첨가했다.

미소(일본 된장)

보통 담색의 매운맛 신주 미소를 사용한다. 요리에 따라 시로미소(백 된장), 아까미소(적 된장)를 사용하며, 일본식 된장국을 끓일 때는 종류를 섞어서 사용하기도 한다.

식초

보통 사용하는 곡물식초는 산미가 강하다. 요리 맛을 내는 데는 감칠맛이 강하고 산미는 부드러운 쌀 식초가 더 좋다.

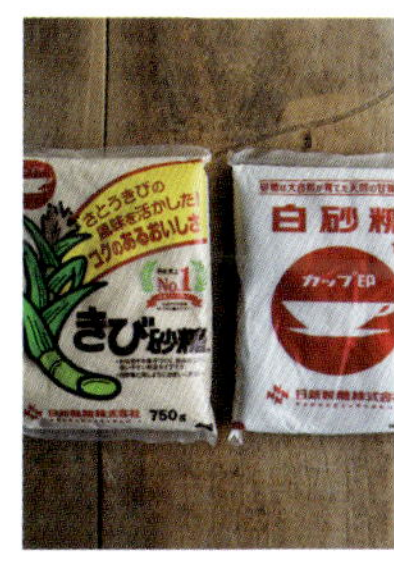

설탕

백설탕은 산뜻한 단맛이 있어 다양한 요리에 사용할 수 있다. 사탕수수 설탕은 미네랄이 많아, 요리에 깊이를 더하고 싶을 때 사용한다.

기름

식용유로는 다이시로 고마유, 참기름으로는 다이코 고마유를 사용한다. 물론 일반적인 식용유나 참기름을 사용해도 좋다.

술

요리에는 마실 수 있는 일본주를 사용한다. 요리용 술은 염분이나 다른 조미료가 첨가되어 있어 마실 수 없다.

간장

재료에 '간장'이라고 쓰여 있다면 고이구치 쇼유*을 의미한다. '국간장'이라고 쓰여 있다면 우스구치 쇼유**로, 채소 등 재료의 색을 살리고 싶을 때 사용한다.

소금

정제 소금은 염분이 강하므로, 맛이 부드러운 천연 소금이 좋다. 그중에서도 미네랄이 풍부한 천일염을 추천한다.

---

* 색이 짙고 조림 등에 사용하는 간장, 우리나라 진간장과 유사함.-옮긴이

** 색이 연하고 짠맛이 강해 주로 국에 사용하는 간장, 우리나라 국간장과 유사함.-옮긴이

닭가슴살에 관해 잘 알게 되면
집밥의 폭이 넓어진다

닭가슴살을 다루는 방법이나 조리 방법은 다른 닭고기 부위나 다른 고기에 비해 아주 조금이지만 요령이 필요합니다.
고르는 방법, 써는 방법, 보관 방법 등 더 맛있게 만드는 방법을 알면 만들 수 있는 요리의 폭이 확 넓어지지요.

닭가슴살의
특징을 파악하자

영양이나 맛은 닭고기 중에서도 단연코 주목할 만합니다.
여기서 다시 한번 확인해 보겠습니다.

☑ 건강식품 수준의 영양소 포함

닭가슴살이라고 하면 저칼로리 고단백질이라는 이미지가 있습니다. 실제로 영양성분표*를 보면 생 닭가슴살(영계·껍질 포함, 가식부 100g)은 133kcal, 단백질량은 17.3g, 지방은 5.5g입니다. 닭다리살과 비교하면 단백질량은 거의 비슷하지만, 약 50kcal나 낮고, 지방은 약 8g이나 적습니다. 심지어 돼지고기나 소고기와 비교하면 단연코 칼로리나 지방이 적지요. 고기를 전체적으로 살펴보면 칼륨도 풍부합니다. 닭가슴살은 칼로리나 과도한 지방 섭취를 신경 쓰지 않고 건강하게 먹을 수 있다는 점이 매력입니다.

* 《일본 식품 표준 성분표 2020년 판》

☑ 색을 보고 선택하자

선명한 분홍빛을 띠고 있으며, **살이 두껍고 탄력 있는 것**이 좋습니다. 살이 너무 흰색을 띤다면 신선도가 떨어졌을 가능성이 있습니다. 또 식품 보관 용기 안에 드립(육즙)**이 흘러나와 있다면, **고기의 감칠맛 성분이 흘러나왔다는 증거**인 만큼 오래되었을 것이므로 가능하면 피하세요.

☑ 짙은 감칠맛

닭가슴살은 지방이 적고 담백하지만, 저는 **닭가슴살이 닭고기 중에서도 감칠맛이 진한 부위**라고 생각합니다. 닭고기는 모든 부위에 **감칠맛 성분인 이노신산**을 포함하고 있지만, 데이터를 살펴보면 가슴살이 다리살보다 더 많이 포함하고 있다고 합니다. 이 감칠맛을 충분히 끌어내기 위해서는 비결이 필요하지요.

☑ 여하튼 빨리

닭고기는 육류 중에서도 수분이 많습니다. 수분이 많으면 잡균이 서식하기 쉬우므로 **수분이 많은 고기는 빨리 상합니다.** 닭고기가 소고기나 돼지고기보다 상하기 쉬운 것도 이 때문입니다. 소비기한 내에 사용하는 것은 물론이고, 사 온 다음에는 냉장실에 넣기 전에 키친페이퍼 등으로 표면의 수분을 한번 닦아내면 더욱 좋습니다.

** Drip, 냉동된 식품의 해동 과정에서 수분과 단백질류·비타민류 등 영양 성분이 분리돼 액체가 흘러나오는 현상.-옮긴이

닭가슴살 썰기

부위에 따라 결이 다르므로 방향을 확인한 다음 썰어 줍시다.
기본적으로는 결의 방향에 따라 3등분해 사용합니다.

1 껍질을 벗긴다

닭가슴살은 두께가 얇은 쪽부터 손으로 껍질을 젖힌 다음, 껍질과 살이 연결된 부분을 칼로 썰면서 껍질을 잡아당겨 벗겨낸다. 다리살에 비해 껍질을 벗기기 쉽고, 지방이 적어 다루기도 쉽다.

2 결 방향을 확인해 3등분한다

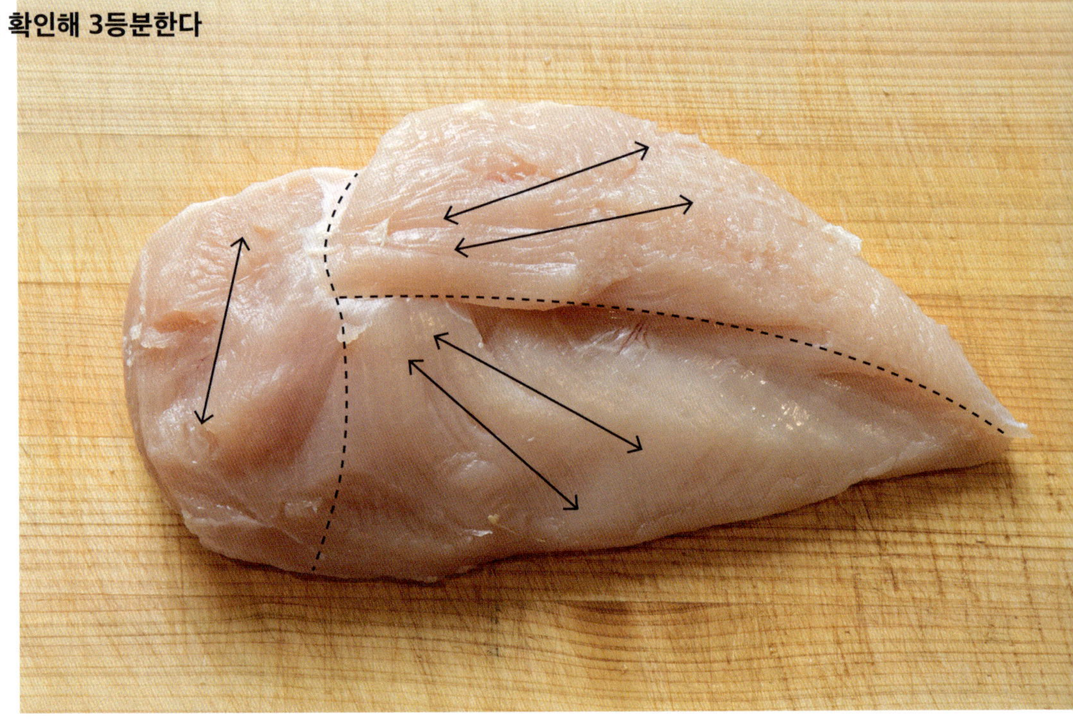

껍질이 붙어 있던 면을 아래로 향하게 한 다음, 섬유의 힘줄을 확인한다. 화살표처럼 고깃결 방향이 있으므로, 방향에 따라 3등분해 사용하는 것이 좋다.

3 고깃결 반대 방향으로 썰면 부드러워진다

섬유 방향을 신경 쓰지 않고 조리할 때도 있지만, 보통은 부드러운 식감을 내기 위해 고깃결 반대 방향으로 섬유를 끊어내듯이 비스듬하게 썰어야 한다.

벗겨 낸 껍질은 냉동 보관하자

감칠맛이 진한 껍질은 버리지 말고, 냉동 보관해 육수 재료
로 사용하자(p.68). 볶음, 찜, 솥 밥 등 다양한 요리에 활용할
수 있다.

❶ 껍질을 세로로 길게 펼쳐 직사
각형 모양으로 다듬고, 앞쪽부
터 돌돌 만다.

❷ 1개씩 랩으로 빈틈없이 감싼다.
냉동용 보관 용기에 넣어 냉동
실에 보관한다.

☑ 다채로운 방법으로 활용할 수 있다

닭가슴살은 한 장을 통째로 사용하는
것은 물론이고, 조리법에 따라 여러
가지 방법으로 썰면 다양한 요리를 만
들 수 있습니다.

데리야키 치킨(p.22)이나 탄두리 치킨(p.53)
을 만들 때는 커다란 닭가슴살을 한 장 통째
로 사용해 육즙이 풍부하게 구워낸 다음 썰
어준다. 한입 크기로 썰어 야키토리(p.73)로
만들 수도 있다.

치킨가스(p.27)나 지파이(p.44)는 한 장을 통
째로, 가라아게(p.16)는 조금 큰 한입 크기
로, 이렇듯 써는 방법이나 형태가 다양하다.
식어도 맛있으므로 도시락 반찬으로도 잘
어울린다.

칭자오 치킨(p.39) 같은 볶음요리는 고기
를 얇게 떠서, 채를 썰어야 한다. 야키소바
(p.94)에 넣을 때는 길게 썰어도 된다.

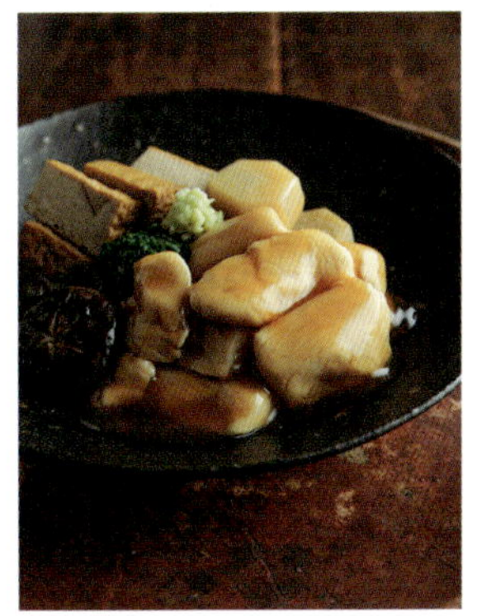

닭고기 감자조림(p.28), 프리카세(p.58) 등
찜 요리를 만들 때는 한입 크기보다 조금 크
게 썰어 다른 재료보다 강한 존재감을 드러
내자.

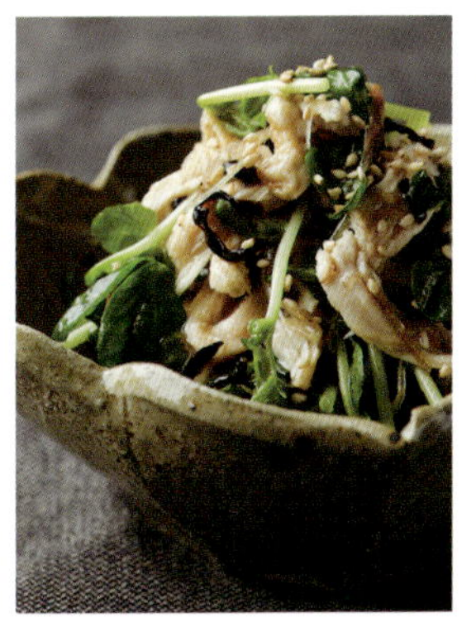

삶은 닭고기(p.12)나 치킨 샐러드(p.62)에는
닭고기를 썰거나 손으로 찢어서 사용하며,
동서양의 모든 무침 요리에 활용할 수 있다.
채소와도 잘 어울린다.

닭가슴살 보관하기

한꺼번에 많은 양을 사거나, 한 번에 다 쓰지 못했을 때
맛을 보존하면서도 오래 쓸 수 있게 보관하는 방법을 소개합니다.

 **삶은 닭고기 미리 만들어 두기**

맛있으면서도 편리하므로 미리 만들어두는 것을 추천합니다.

닭가슴살에는 이노신산이, 다시마에는 글루탐산이 함유되어 있습니다.

이 두 가지 감칠맛 성분이 시너지를 발휘해 뛰어난 맛을 내지요.

삶은 닭고기를 활용하면 아주 빠르게 요리할 수 있습니다.

메인 요리인 요다레도리(p.42)나

안주류(p.78)를 빠르게 만들어 낼 수 있지요.

삶은 닭고기

재료 · 만들기 쉬운 분량

닭가슴살 … 2장(약 600g)
대파(파란 부분) … 1대 분량
다시마(육수용) … 5g
A | 물 … 6컵
　　| 술 … 1컵
　　| 국간장 … 4큰술

만드는 법

1. 닭고기는 껍질 쪽을 아래로 향하게 한 다음 세로로 두고, 두꺼운 부분에 칼집을 넣어 펼쳐 두께를 고르게 한다. 파는 큼직하게 썬다.
2. 전골냄비에 **A**, 1, 다시마를 넣고 중불에 올린다. 끓기 직전(약 80도)에 불순물을 걷어내고, 약불로 낮춰 7~8분 끓인다. 끓이는 도중에 닭고기를 위아래로 뒤집어 준다.
3. 불을 끈 다음 키친페이퍼를 덮어두고 식을 때까지 둔다.

약 **3** 일간 보관 가능

보관 용기에 육수까지 함께 담아 냉장실에 보관

먹기 좋게 썰어 간단하게 레몬즙을 뿌리거나, 홀그레인 머스터드에 찍어 먹어보자.

육수는 수프로

육수는 맛이 옅어 여러 국물 요리에 활용할 수 있다. 쏸라탕풍 수프(p.42)나 일본 라멘의 국물로도 활용할 수 있다. 간이 부족하면 간장, 소금, 후추 등을 더해보자.

✔ 냉동해 신선도를 유지하자

구매한 당일에 사용하지 못하고, '삶은 닭고기'로 만들 여유도 없다면 일단 냉동합시다. 늦어도 구매한 다음 날에는 냉동실에 넣어야 합니다.

약 **1** 개월 보관 가능

키친페이퍼로 수분을 닦아낸 다음, 공기에 닿지 않도록 랩으로 빈틈없이 감싼다. 냉동용 보관 봉투에 넣어 입구를 닫아 냉동실에 보관한다.

사용할 때는 흐르는 물에 해동하자

볼에 물을 붓고, 냉동된 닭가슴살을 랩째로 담가 흐르는 물에 닿게 하면 20~30분 후에 해동된다. 자연 해동하는 것보다 걸리는 시간도 짧고, 감칠맛 성분을 포함한 드립이 잘 흘러나오지 않는다.

닭가슴살 가라아게
→ 재료와 만드는 방법은 p.16~17 참조

닭가슴살은 다리살보다 썰기 쉽고 잘 익는다는 장점이 있습니다.

이를 느끼기 쉬운 요리가 바로 평소에 자주 만드는 가정식 요리입니다.

넓적다리살로 많이 만드는 가라아게나 데리야키 치킨에 닭가슴살을 활용하면

평소보다 쉽게 매끄럽게 요리가 진행된다는 점을 깨달을 수 있을 것입니다.

밑간을 충분히 하거나, 소스에 깊은 맛을 더하면

담백한 가슴살도 먹음직스러운 반찬이 됩니다.

거기에 써는 방법을 궁리하면 쇼가야키(생강구이)나 친자오로스(고추잡채) 등

평소에는 돼지고기나 소고기만 사용했던 반찬도 맛있게 만들 수 있고,

꽈배기 모양이나 김밥에 활용하는 등 형태도 자유자재지요.

다양하게 활용할 수 있는 닭가슴살로 가족이 좋아하는 맛을 즐겨 보세요.

고소함이 가득한
한입 튀김 요리

한입 크기로 썰 때는 보통 칼을 비스듬히 눕혀 썬다. 표면적이 커져 잘 익으므로, 바삭하고 고소하게 튀길 수 있다. 심지어 고기가 빨리 익어 퍼석해지지 않으므로 육즙이 풍부해진다.

치킨마요, 치킨칠리, 난반쓰케, 닭고기 탕수도 이 방법을 사용한다.

한입 크기로 썰 때도
잘 익을 수 있게
비스듬히 눕혀 썰자.

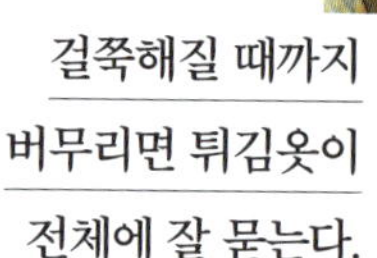

걸쭉해질 때까지
버무리면 튀김옷이
전체에 잘 묻는다.

공기에 노출하면서
두 번 튀기면
더욱 바삭하게 튀겨낼 수 있다.

닭가슴살 가라아게

재료 · 2인분

닭가슴살 … 1장(약 300g)
A │ 간 생강 … 1/2작은술
  │ 미림, 간장 … 각 1과 1/2큰술
  │ 후추 … 소량
B │ 밀가루 … 1과 1/2큰술
  │ 전분 가루 … 1큰술
전분 가루 … 적당량
튀김용 기름 … 적당량
빗 모양 레몬 조각 … 적당량

만드는 법

1 닭가슴살은 3등분한 다음, 다시 한입 크기로 비스듬히 썬다.
2 볼에 넣고 **A**를 넣고 버무린 다음, 약 15분간 둔다.
3 물기를 제거하고 **B**를 넣고 버무린 다음, 걸쭉하게 만든다. 한 조각씩 전분 가루를 묻혀 밧드에 놓아두고, 5분 정도 둔다.
4 기름을 냄비에 부어 170도로 가열하고, **3**을 넣어 3분 정도 튀긴다. 꺼내어 튀김용 밧드에 3분 정도 둔 다음, 다시 170도의 기름에서 1분 더 튀겨내고 기름기를 뺀다.
5 그릇에 담고, 레몬을 곁들인다.

맛을 바꿔

김 소금 가라아게

만드는 법

위의 '가라아게' 레시피의 **A**를 '술 2큰술, 소금 1작은술, 김 고명 2작은술'로 바꾸어, 같은 방법으로 만든다. 그릇에 샐러드 채소를 적당량 깔아두고, 김 소금 가라아게를 얹은 다음, 레몬을 반달 모양으로 썰어 적당량을 곁들인다.

치킨마요

재료 · 2인분

닭가슴살 … 1장(약 300g)

소금 … 소량

A 　달걀 … 1개

　　밀가루, 전분 가루

　　　… 각 2큰술

　　물 … 1큰술

B 　마요네즈 … 5큰술

　　연유 … 1큰술

　　레몬즙 … 1작은술

식용유 … 적당량

양상추 … 2장

방울토마토 … 4개

굵게 간 흑후추 … 소량

만드는 법

1　양상추는 먹기 좋게 썰고, 방울토마토는 반으로 썬다.

2　닭고기는 껍질을 벗겨 3등분한 다음, 1cm 두께로 비스듬히 썰어 소금을 뿌린다.

3　볼에 **A**의 달걀을 깨고, 남은 **A**의 재료를 섞어 튀김옷을 만들고, **2**를 더해 버무린다.

4　프라이팬에 식용유를 1cm 높이까지 넣어 가열한 뒤, **3**을 위아래로 뒤집어가며 튀기듯이 구워 익힌 다음, 기름기를 빼준다.

5　볼에 **B**를 섞어 **4**를 더한 다음, 전체적으로 버무린다. 그릇에 **1**과 함께 담아낸 뒤 흑후추를 뿌린다.

숨은 맛의 비결은 연유.
중독성 강한 달콤함을
만들어 낸다.

치킨칠리

재료 · 2인분

닭가슴살 … 1장(약 300g)

소금 … 소량

A 　달걀 … 1개

　　밀가루, 전분 가루

　　　… 각 2큰술

　　물 … 1큰술

B 　간 마늘 … 1/2작은술

　　토마토케첩 … 3큰술

　　두반장 … 1작은술

C 　닭육수 … 1컵

　　미림, 간장 … 각 1큰술

물에 푼 전분 가루 … 2큰술

다진 파 … 2큰술

달걀 … 1개

식용유 … 적당량

양상추 … 2장

만드는 법

1　'치킨마요' 만드는 법 **2~4**와 똑같이 요리한다.

2　프라이팬의 기름을 버리고, **B**를 넣어 중불에 볶는다. 향이 올라오기 시작하면 **C**를 넣어 한 번 끓이고, 물에 푼 전분 가루를 넣어 걸쭉하게 만든다. **1**을 추가해 살짝 익힌 다음, 파를 넣고 섞는다. 달걀을 풀어서 두르고, 달걀이 부풀어 오르면 불을 끈다. 양상추를 썰어 그릇에 담는다.

완성될 무렵에 달걀을 넣으면
고기나 소스와 잘 섞여
훨씬 먹기 좋다.

"닭가슴살을 한입 크기로 썰어서
튀기듯이 굽는 것까지는 동일한 방법으로 요리합니다.
부드러운 치킨마요, 매콤함이 매력인 치킨칠리 중
좋아하는 맛으로 만들어 보세요."

닭가슴살 난반쓰케

닭가슴살 … 1장(약 300g)
소금 … 소량
밀가루 … 적당량
양파 … 1/2개
당근 … 50g
홍고추 … 2개
A | 물 … 1과 1/4컵
  | 설탕 … 70g
  | 식초, 국간장 … 각 120mL
튀김용 기름 … 적당량

1 양파는 얇게 썰고, 당근은 채 썬다. 홍고추는 씨를 제거한 뒤 잘게 썬다.

2 닭고기는 껍질을 벗기고 3등분한 다음, 1.5cm의 두께로 비스듬히 썬다. 소금을 뿌린 다음, 밀가루를 묻힌다.

3 냄비에 기름을 넣고 170도로 달군 뒤, 2를 넣고 바삭해질 때까지 3~4분 튀겨낸 다음, 기름을 뺀다. 그릇에 담고 1을 올린다.

4 냄비에 A를 넣어 중불에 올린다. 한소끔 끓어올라 설탕이 녹으면 3에 붓는다. 잔열이 빠지면 냉장실에 넣어 식힌다.

"식초를 넣어
신맛이 나는 요리에는 다리살보다는
맛이 가벼운 가슴살을 사용하는 편이
더 잘 어울립니다."

닭고기 탕수

닭가슴살 … 1장(약 300g)
소금 … 적당량
후추 … 소량
달걀 … 1개
전분 가루 … 적당량
양파 … 1/2개
표고버섯 … 3개
피망 … 2개
A │ 물 … 1과 1/2컵
   │ 설탕, 식초, 간장 … 각 4큰술
   │ 전분 가루 … 1과 1/2큰술
튀김용 기름 … 적당량
식용유 … 1/2큰술

만드는 법

1 양파는 1cm 폭으로 빗 모양으로 썰고, 표고버섯은 기둥을 떼어낸 다음 4등분한다. 피망은 꼭지와 씨를 제거하고, 마구 썬다.

2 닭고기는 껍질을 벗겨 3등분한 다음, 1cm 두께로 비스듬히 썬다. 소금과 후추를 각각 소량 뿌린다. 달걀을 풀어 잘 묻힌 다음, 전분 가루를 묻힌다.

3 냄비에 튀김용 기름을 두르고 170도로 달궈 **2**를 2~3분 튀긴 후 기름기를 뺀다.

4 프라이팬에 식용유를 넣고 중불로 가열한 다음 **1**을 넣어 소금을 소량 뿌리고, 숨이 죽을 때까지 볶는다.

5 **A**를 잘 섞은 다음 프라이팬에 넣어 중불로 가열하고, 보글보글 끓어오르면 **3**, **4**를 넣어 살짝 섞어준다.

"닭고기로 '탕수육'을 만들어도 맛있습니다.
돼지고기보다 튀기는 시간이
짧아서 만들기도 쉽지요."

원래 크기 그대로 익혀,
볼륨감 있고 촉촉한 요리를
만들어 보자

잘 먹었다는 포만감을 느끼려면 고기를 통째로 요리하거나 절반
으로 썰어 활용하면 됩니다.

이때 고기 두께를 균일하게 하면 열이 잘 전달되므로 얼룩덜룩
하게 구워지는 것을 예방할 수 있습니다. 그리고 가루나 반죽을 잘
묻히면 보습 효과가 높아서 촉촉하고 부드럽게 요리할 수 있지요.

치킨난반, 유린기, 치킨가스도 육즙이 풍부하고 포만감을 주는
요리입니다.

세로로 칼집을 넣어
칼끝을 조금씩 움직여
고기를 썬다.

껍질을 바삭하게 구워내려면
불이 너무 강한가 싶을 정도로
유지하는 편이
오히려 적당하다.

촉촉한 데리야키 치킨

재료 · 2인분

닭가슴살 … 1장(약 300g)

소금 … 적당량

밀가루 … 적당량

A | 술, 미림, 간장 … 각 2큰술
| 설탕 … 1큰술

버터 … 10g

굵게 간 흑후추 … 소량

식용유 … 1큰술

브로콜리 … 1/3개

만드는 법

1 브로콜리는 먹기 좋게 썰어 소금물에 데친다.

2 닭고기는 껍질을 아래로 두고, 두꺼운 부분에 칼집을 넣어 펼쳐서 두께를 균일하게 만든다. 고기
부분에 소금을 소량 뿌리고, 밀가루를 전체에 묻힌다. **A**는 잘 섞어 둔다.

3 프라이팬에 식용유를 넣고 중불로 달궈, 닭고기의 껍질 부분을 아래로 놓는다. 뒤집개로 가끔 눌
러주며 7~8분 정도 구워, 껍질을 바삭하게 만든다. 위아래로 뒤집지 말고, 속까지 익도록 3~4분
구워 준다.

4 프라이팬에 남아 있는 기름을 키친페이퍼로 닦아내고, **A**를 넣어 섞는다. 버터를 넣고 계속해서
잘 섞어 준다.

5 썰어서 그릇에 담고, **4**의 소스를 끼얹은 다음 흑후추를 뿌려 **1**도 같이 담아낸다.

"다리살로 만드는 것보다
담백하므로
마무리할 때 버터를 더해
맛을 한층 더 깊게!"

치킨난반

재료 · 2인분

닭가슴살 … 1장(약 300g)

소금, 후추 … 각 소량

A | 달걀 … 1개
　　| 밀가루 … 2큰술
　　| 전분 가루 … 1큰술

쪽파 … 3대

락교(시판용) … 6개

B | 마요네즈 … 4큰술
　　| 미림 … 1작은술

C | 설탕, 식초, 간장, 물 … 각 1큰술

튀김용 기름 … 적당량

양배추 … 1/6개

무순 … 1/3팩

방울토마토 … 2개

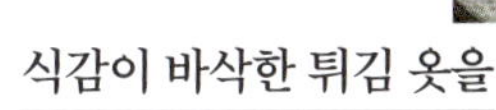

식감이 바삭한 튀김 옷을
즐기고 싶다면
양념장을 전체적으로 뿌리지 말고,
조금만 두르자.

만드는 법

1　양배추는 채를 썰고, 무순은 뿌리를 잘라 버린 다음 3등분한다. 물에 푹 담가 아삭한 식감을 살린다. 물기를 제거한 뒤 냉장실에서 차갑게 식힌다. 방울토마토는 반으로 가른다.

2　쪽파를 잘게 썰고, 락교는 다져서 볼에 넣는다. **B**와 함께 섞은 다음, 소스를 만든다. 다른 볼에 **C**를 모두 넣고 섞어 양념장을 만든다.

3　닭고기는 껍질 면을 아래로 두고, 두꺼운 부분에 칼집을 넣어 펼쳐서 두께를 균일하게 만든다. 고기 전체에 소금과 후추를 뿌린다.

4　다른 볼에 **A**의 달걀을 풀고, 남은 **A**의 재료를 함께 넣어 섞은 뒤, 3을 넣고 손으로 잘 버무린 다음 15분 정도 재워 둔다.

5　냄비에 튀김용 기름을 넣고 170도로 달군 다음, 4를 껍질 면을 아래로 해 넣어 3분 정도 튀긴다. 꺼낸 다음 튀김용 밧드에 3분 정도 두고, 고기를 반대로 뒤집어 다시 170도의 기름에 3분을 더 튀겨낸 다음 기름기를 빼준다.

6　그릇에 1을 담고, 5를 썰어 담는다. 고기에 양념장을 두르고 소스를 얹는다.

유린기

닭가슴살 … 1장(약 300g)

A ┃ 술 … 2큰술
　　┃ 소금 … 1/2작은술
　　┃ 후추 … 소량

전분 가루 … 적당량

파 … 1/3대

마늘 … 1쪽

생강 … 10g

무순 … 1/4팩

B ┃ 설탕, 식초, 간장, 물 … 각 2큰술
　　┃ 참기름 … 1/2큰술
　　┃ 고춧가루 … 소량

튀김용 기름 … 적당량

양상추 … 2장

1　양상추는 채를 썬 후 아삭한 식감을 살리기 위해 물에 담가두었다가, 물기를 확실하게 제거한다.

2　파, 마늘, 생강은 잘게 다지고, 무순은 뿌리를 잘라 버린 다음 1cm 길이로 썬다. 볼에 넣고 **B**를 더해 섞는다.

3　닭고기는 껍질 면을 아래로 두고, 두꺼운 부분에 칼집을 넣어 펼쳐서 두께를 균일하게 만든다. **A**를 넣고 잘 버무려 10분 정도 그대로 둔다.

4　3의 물기를 제거한 뒤 전분 가루를 묻혀 밧드에서 5분 정도 둔다.

5　냄비에 튀김용 기름을 넣고 170도까지 가열한 다음, **4**를 껍질 면을 아래로 해 넣고 7~8분 정도 튀겨내고, 튀김용 기름을 빼준다. 잠시 그대로 두었다가 먹기 좋게 썬다.

6　그릇에 양상추를 깔고, **5**를 담은 다음 **2**를 뿌린다.

"단식초 소스를
가득 뿌리면
임팩트 있는 맛을 연출할 수 있습니다."

치킨가스 홀그레인 머스터드소스

닭가슴살 … 1장(약 300g)
소금, 후추 … 각 소량
밀가루 … 적당량
A 달걀 … 1개
    우유 … 1/4컵
    밀가루 … 50g
빵가루 … 적당량
B 레드와인 … 3큰술
    토마토케첩 … 2큰술
    홀그레인 머스터드,
      미림, 간장 … 각 1큰술
튀김용 기름 … 적당량
양배추 … 1/6개
빗 모양 레몬 조각 … 적당량

만드는 법

1 양배추는 채를 썬 후 아삭한 식감을 살리기 위해 물에 담가둔다. 물기를 확실하게 제거한 뒤 냉장실에서 차갑게 보관한다.

2 닭고기는 껍질을 벗겨 세로로 2등분한다. 세로로 놓고 두꺼운 부분에 칼집을 넣어 두께를 균일하게 만든다. 한쪽 면에는 소금과 후추를 뿌린다.

3 밧드에 A의 달걀을 풀고, 남은 A의 재료를 더해 잘 섞는다. 다른 밧드에 빵가루를 펼쳐 둔다. 2에 밀가루를 묻히고, 그 위에 달걀물을 전체적으로 잘 묻힌 다음, 빵가루까지 묻혀 준다.

4 냄비에 튀김용 기름을 넣고 170도까지 가열하고, 3을 3분 정도 튀긴다. 꺼낸 다음 튀김용 밧드에 올려 3분 정도 둔 다음, 고기를 반대로 뒤집어 다시 한번 170도의 기름에 1분 정도 튀긴 후, 기름기를 뺀다.

5 다른 냄비에 B를 넣고 중불에 올린다. 잘 섞어가며 걸쭉해질 때까지 끓인다.

6 그릇에 1과 레몬을 담고, 4를 썰어 올린 다음, 5를 붓는다.

"고기를 절반으로 썰어
튀기는 시간이 짧습니다.
특제 소스도 아주 맛있습니다."

가루를 묻혀 감칠맛만 잘 가둬도
무조건 성공하는 닭가슴살 조림

닭가슴살을 썬 뒤 가루를 잘 묻힌 다음 익히면 감칠맛과 육즙을 잘 가둬둘 수 있다. 가루가 막과 같은 효과를 발휘해 고기가 딱딱해지지 않고 식감이 좋아진다. 닭고기 감자조림도 지부니도 얇게 골고루 펴 발라, 아름다운 요리를 만들어 보자.

닭고기 감자조림

재료 · 2인분

닭가슴살 … 1장(약 300g)
밀가루 … 적당량
감자(메이크인) … 2개
당근 … 1/2개
양파 … 1/2개
슈가피 … 6개
실곤약 … 1봉지
A │ 육수 … 2컵
│ 설탕, 미림 … 각 2큰술
│ 간장 … 4큰술
식용유 … 2큰술

만드는 법

1 감자는 껍질을 벗겨 큰 한입 크기로, 당근은 마구 썬다. 양파는 2cm 두께로 결대로 썬다. 실곤약은 한번 데친 다음, 먹기 좋게 썬다.

2 닭고기는 껍질을 벗겨 3등분한 다음, 1cm 두께로 비스듬히 썰고, 껍질은 얇게 썬다. 비스듬히 썬 고기에 밀가루를 묻힌다.

3 프라이팬에 식용유 1큰술을 넣고 중불에 올린다. 비스듬히 썬 고기를 앞뒤로 뒤집어가며 굽는다. 고기가 잘 익으면 꺼낸다.

4 식용유 1큰술을 더해 닭 껍질을 볶는다. 색이 변하면 1을 더해 닭 껍질 기름이 충분히 스며들도록 볶아준다.

5 **A**를 더해 보글보글 끓어오르면 알루미늄 포일을 뚜껑처럼 덮어주고 약불로 10분 정도 끓인다. 3을 넣고 슈가피를 넣는다. 2~3분 정도 익힌 다음 잘 섞어주고, 불을 끄고 잔열이 식을 때까지 그대로 둔다.

가루를 묻혀 구워내면
고기의 감칠맛을 가둘 수 있다.

껍질에서 나오는 기름으로
채소를 익혀
감칠맛을 보존하자.

"닭 껍질을 볶아주는 수고를 들이면
감칠맛이 풍부해집니다.
담백한 닭가슴살로 만든 감자조림의 맛이
한층 더 깊어지지요."

지부니

재료 · 2인분

닭가슴살 ⋯ 1장(약 300g)

소금 ⋯ 소량

전분 가루 ⋯ 적당량

표고버섯 ⋯ 2개

토란 ⋯ 2개

시금치 ⋯ 1/2단

아쓰아게(두부튀김) ⋯ 1/2개

A 　육수 ⋯ 2와 1/4컵

　　설탕 ⋯ 2큰술

　　술, 간장 ⋯ 각 3큰술

간 와사비 ⋯ 적당량

전분 가루를 골고루 묻혀주면
고기는 살살 녹고,
국물은 걸쭉해진다.

만드는 법

1　표고버섯은 기둥을 떼어내고 위쪽 갓에 칼집을 넣는다. 토란은 껍질을 벗기고 한입 크
　기로 썰어 살짝 씻어 준다. 아쓰아게는 1cm 폭으로 썬다.

2　시금치는 뜨거운 물에 살짝 데치고, 얼음물에 담가 식힌 후 물기를 짜내고 4cm 길이로
　썬다.

3　닭고기는 껍질을 벗겨 3등분한 다음, 5mm 두께로 비스듬히 썰어 소금을 뿌린다.

4　냄비에 **A**와 **1**을 넣고 중불에 올려 끓으면, 약한 불로 15분 정도 끓인다. **2**를 넣고 따뜻
　해질 때까지 데운다.

5　그릇에 **4**의 건더기를 담는다. 남은 국물은 중불에 올리고, **3**에 전분 가루를 묻혀 1장씩
　넣는다. 고기가 익고 국물이 걸쭉해지기 시작하면, 닭고기를 그릇에 담은 다음 국물을
　붓고 와사비를 곁들여 낸다.

썰기 쉬운 만큼 다양한 모양으로
자유자재로 연출할 수 있다!
요리에 어울리는 형태를 생각해 보자

닭가슴살은 고기 중에서도 칼과의 상성이 가장 좋습니다. 지방이 적어 고기 형태가 정돈되어 있기 때문에, 한입 크기뿐만 아니라, 얇게 썰거나, 다지거나, 꽈배기 모양이나, 길쭉한 형태 등 모든 형태에 도전하는 데 적합하고, 실패할 일도 없지요. 쇼가야키, 치킨너겟, 테즈나아게, 김말이 튀김, 친자오 치킨 등 다양한 요리를 만들 수 있습니다.

쇼가야키(생강소스 구이)

닭가슴살 … 1장(약 300g)
밀가루 … 적당량
양파 … 1/2개
A │ 간 생강 … 1작은술
　│ 설탕 … 1큰술
　│ 술 … 3큰술
　│ 간장 … 2큰술
　│ 고춧가루 … 소량
식용유 … 1큰술
양배추 … 1/6개
방울토마토 … 4개

칼을 눕힌 다음
앞뒤로 조금씩 움직이면
깔끔하게
어슷썰기를 할 수 있다.

만드는 법

1　양배추를 채 썬 다음 물에 씻고, 찬물에 담가 아삭하게 만든 후, 물기를 제거해 냉장실에 둔다.
2　양파는 얇게 썬다.
3　닭고기는 껍질을 벗겨 5mm 두께로 비스듬히 썰고, 밀가루를 얇게 묻힌다.
4　**A**는 잘 섞는다. 프라이팬에 식용유를 붓고 중불로 달궈 **2**를 익히고, 숨이 죽으면 **3**을 더해 양면을 굽는다. 고기의 색이 변하면 **A**를 넣고 빠르게 섞는다. 그릇에 담은 후 **1**과 방울토마토를 곁들인다.

"고기 두께가 5mm라
빨리 익고
돼지고기보다도
식감을 부드럽게 만들 수 있습니다."

"닭가슴살을
굵게 다져
두드려 주면
간 고기보다
쫄깃하고
식감이 좋습니다."

치킨 너겟

닭가슴살 … 1장(약 300g)

A | 간 마늘 … 1/2작은술
| 밀가루 … 3큰술
| 마요네즈 … 2큰술
| 미림, 간장 … 각 1작은술
| 소금, 후추 … 각 소량

B | 토마토케첩 … 2큰술
| 굴 소스, 참기름 … 각 1작은술

C | 머스터드 … 2큰술
| 마요네즈 … 1큰술
| 꿀 … 1작은술

튀김용 기름 … 적당량

파슬리 … 소량

길게 채를 썬 다음
칼로 두드리면
다진 고기를 만들 수 있다.

만드는 법

1 닭고기는 껍질을 벗기고, 길게 채를 썰고 방향을 바꿔 굵게 다진다. 그런 다음 칼로 두드려 다진 고기를 만든다.

2 볼에 **1**, **A**를 넣고 잘 섞는다.

3 냄비에 기름을 붓고 170도로 달군 뒤, 손에 기름(분량 외)을 묻혀 **2**를 지름 약 3cm로 두께 1cm로 모양을 만들어 가며 넣는다. 위아래를 뒤집어 4~5분 튀긴 다음 기름기를 뺀다.

4 **B**, **C**는 각각 섞어 소스를 만든다. 그릇에 **3**을 담고 파슬리와 소스를 곁들인다.

형태를 잡고 나서
바로 기름에 넣자.
표면이 굳어질 때까지는
만지면 안 된다.

테즈나아게
(꽈배기 모양 튀김)

닭가슴살 … 1장(약 300g)
A | 간 생강 … 1/2작은술
    | 미림, 간장 … 각 1과 1/2큰술
전분 가루 … 적당량
그린빈 … 4줄

소금 … 소량
튀김용 기름 … 적당량
마요네즈 … 2큰술
고춧가루 … 소량
영귤 … 1/2개

1 닭고기는 껍질을 벗기고 1cm 두께로 직사각형으로 썬다. **A**에 잘 버무려 10분 정도 그대로 둔다.
2 1의 물기를 제거한 다음, 정중앙에 칼집을 넣고 끝을 말아 칼집 안으로 밀어 넣어 꽈배기 모양을 만들고, 전분 가루를 묻힌다.
3 그린빈은 꼭지를 제거하고 길이를 절반으로 썬다.
4 냄비에 튀김용 기름을 넣고 170도로 달군 다음 **2**를 3~4분 튀겨내고, 기름기를 뺀다. 계속해서 **3**을 재료 그대로 튀겨낸 다음 기름을 빼고 소금을 뿌린다. 그릇에 담고 마요네즈에 고춧가루를 뿌려 곁들인다. 영귤을 곁들인다.

"곤약으로 꽈배기 모양을 만들 때와
만드는 방법은 같지만,
닭가슴살로 만들면
더 대접받는 느낌이 듭니다."

칼집은 2cm 정도.
너무 길게 넣으면 모양이 흐트러지니
신중하게 넣자.

끝부분을
칼집 안쪽으로 밀어 넣고
부드럽게 당기면 된다.

김말이 튀김

재료 · 2인분

닭가슴살 ⋯ 1장(약 300g)
A │ 미림, 간장 ⋯ 각 1과 1/2큰술
구운 김(전체) ⋯ 1장
쌀가루 ⋯ 적당량
꽈리고추 ⋯ 6개
소금 ⋯ 소량
튀김용 기름 ⋯ 적당량
영귤 ⋯ 1/2개

만드는 법

1. 닭고기는 껍질을 벗겨 길이 5~6cm, 두께 1cm 막대기 모양으로 썬 다음, **A**에 버무려 10분 정도 그대로 둔다.
2. 김을 1의 길이에 맞춰 15등분해, 1개씩 감아준다. 김이 촉촉해지면 쌀가루를 바른다.
3. 꽈리고추에 칼집을 넣는다.
4. 냄비에 기름을 넣고 170도로 달궈 **2**를 3~4분 정도 튀기고, 기름기를 뺀다. 계속해서 **3**을 재료 그대로 살짝 튀겨내어 기름기를 뺀 다음 소금을 뿌린다. 그릇에 담고 영귤을 곁들인다.

"안주용으로 만들었지만,
쌀과자랑 비슷해 보여서인지
아이들도 좋아합니다."

입자가 작은 쌀가루는
얇게 묻힐 수 있으므로
요리의 식감이 가벼워진다.

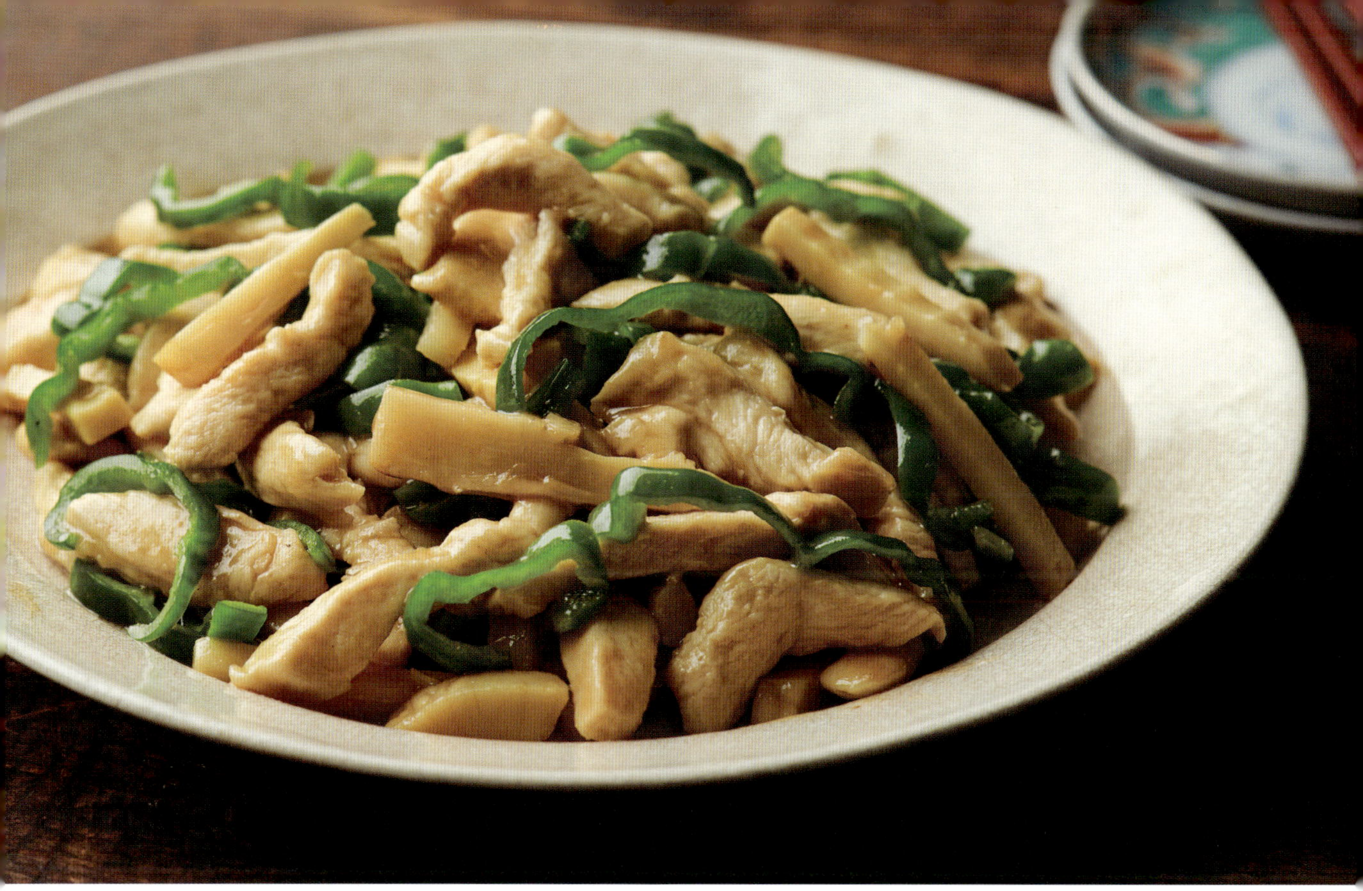

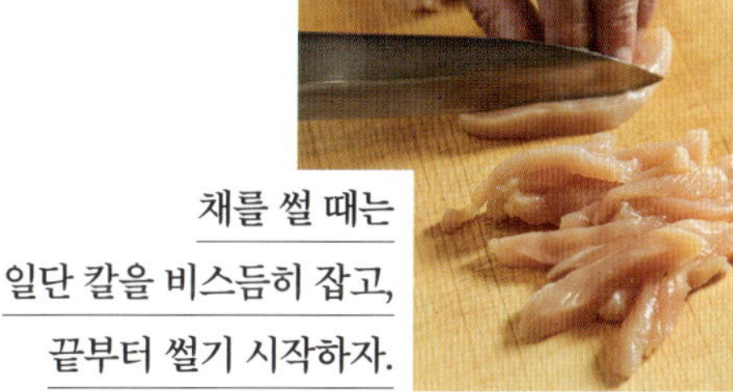

친자오 치킨(닭고기 고추잡채)

재료 · 2인분

닭가슴살 … 1장(약 300g)

A | 술, 전분 가루 … 각 1큰술
참기름 … 1작은술
소금 … 소량

피망 … 3개

데친 죽순 … 100g

B | 술, 간장, 굴 소스 … 각 1큰술
후추 … 소량

식용유 … 1큰술

만드는 법

1 피망은 세로 방향으로 절반을 썬 다음, 꼭지와 씨를 제거해 가로로 얇게 채를 썬다. 죽순은 5cm 길이로 잘게 썬 다음, 살짝 데쳐내고 물기를 제거한다.

2 닭고기는 껍질을 벗겨 5mm 두께로 채를 썰고, **A**에 버무려 재운다.

3 **B**를 잘 섞는다. 프라이팬에 식용유를 넣고 중불로 달궈 **2**를 볶는다. 고기 색이 갈색으로 변하기 시작하면 죽순을 추가해 볶는다. 피망을 더해 재빠르게 볶은 다음, **B**를 넣고 함께 볶아낸다.

채를 썰 때는
일단 칼을 비스듬히 잡고,
끝부터 썰기 시작하자.

"닭가슴살은 가격 부담이 없는
만큼 넉넉하게 넣읍시다.
포만감 가득한 요리를
만들 수 있습니다."

제 2 장
여행에서 발견한
다양한 나라의
닭가슴살 요리

맛있는 음식을 먹는 것.
그 기쁨이야말로 어떤 기쁨보다도 크기에,
다른 나라에 가면 틈을 내어 현지 식당을 돌아다닙니다.
그 나라에서 어떤 식재료를 사용하고, 인기가 있는지 궁금해서
꼭 시장에도 들르지요.
한국에서는 닭고기의 모든 부위가 저렴할 뿐 아니라, 다양한 요리에 사용됩니다.
유럽에서는 다리살보다 닭가슴살을 더 고급 식재료라고 여겨서
레스토랑 디너에 어울리는 고급스러운 요리로 나왔지요.
그리고 모든 음식이 놀랄 정도로 맛있었습니다.
그때의 맛을 떠올리며
닭가슴살의 감칠맛을 살린 여러 나라의 맛을 재현해 보았습니다.

"미리 만들어 둔 '삶은 닭고기'를
활용하면 10분 만에 만들 수 있습니다.
촉촉함이 정말 매력적이지요."

중국의 닭고기 요리라고 하면 일본인의 뇌리를 가장 먼저 스치는 요리는
역시 요다레도리입니다.
이 요리는 많은 식당에서 다리살로 만들지만,
저는 매운 소스를 돋보이게 하고자 담백한 닭가슴살로 만드는 걸 좋아합니다.
소스에 화자오만 넣어도 바로 중국 현지의 향이 나니
꼭 시도해 보시길 추천합니다.

요다레도리(중화풍 매콤 찜닭)

재료 · 2인분

삶은 닭고기(p.12) … 1장
숙주나물 … 100g
소금 … 소량
썬 쪽파 … 5대 분량
A │ 볶은 참깨 … 1큰술
　│ 화자오 … 1/2작은술
　│ 삶은 닭고기 육수(p.12) … 3큰술
　│ 간장 … 3큰술
　│ 식초 … 2큰술
　│ 설탕, 고추기름 … 각 1큰술

만드는 법

1 숙주나물은 뿌리를 제거하고 소금물에 데친 다음, 채반에 올려 식힌다.
2 볼에 A를 넣고 잘 섞는다.
3 그릇에 1을 깐다. 삶은 닭고기를 한입 크기로 썰어 담고, 2를 부은 다음 쪽파를 얹는다.

'삶은 닭고기'
육수를 활용한
또 다른 요리

쏸라탕풍 수프

재료 · 2인분

연두부 … 1/2개
표고버섯 … 3개
파 … 1/3대
달걀 … 1개
A │ 삶은 닭고기 육수(p.12) … 3컵
　│ 식초 … 3큰술
　│ 미림 … 2큰술
　│ 소금 … 1/2작은술
백후추 … 1작은술
물에 푼 전분 가루 … 1과 1/2큰술
고추기름 … 소량

만드는 법

1 두부는 채를 썬다. 표고버섯은 기둥을 떼어낸 다음 얇게 썰고, 파는 얇게 어슷 썬다.
2 냄비에 A를 넣고 중불로 가열해, 끓기 시작하면 1을 넣어 3분 정도 끓인다. 백후추를 넣은 다음, 물에 푼 전분 가루를 넣어 걸쭉하게 만든다. 달걀을 풀어 넣고, 달걀이 익어 위로 뜨면 불을 끈다.
3 그릇에 담고 그 위에 고추기름을 둘러준다.

대만은 포장마차 요리가 저렴한 데다
무엇을 먹어도 상당히 맛있으며,
그릇이 작아서 양이 아주 절묘합니다.
몇 년 전에 갔을 때는
지로우판 한 그릇이 150엔 정도였던 것 같습니다.
그래서 식당 몇 군데를 연달아 방문해
다양하게 맛보았습니다.
같은 요리라도 가게에 따라 스타일이 달라서
맛보고 비교하는 재미가 정말 쏠쏠했지요.

"빅사이즈 가라아게.
크게 베어 먹을 수 있는
대만 포장마차의 인기 메뉴입니다."

지파이

재료 · 2인분

닭가슴살 … 1장(약 300g)
타피오카 전분 … 5큰술
A ┃ 간 생강 … 1/2작은술
　┃ 간 마늘 … 1/2작은술
　┃ 미림, 간장 … 각 1과 1/2큰술
　┃ 오향분 … 1/3작은술
　┃ 백후추 … 소량
튀김용 기름 … 적당량

만드는 법

1　닭고기는 껍질을 벗기고, 두꺼운 부분에 칼집을 넣어 펼쳐서 두께를 균일하게 만든다. 랩을 감아 밀대나 병으로 두드려 5~6mm 두께로 늘린다.

2　밧드에 A를 넣고 섞은 다음, 1에서 랩을 벗겨 A를 버무리고 30분 정도 재워 둔다. 위아래를 뒤집어주고 30분 더 재운다.

3　다른 밧드에 타피오카 전분을 넓게 펼친 다음, 2에서 물기를 제거한 뒤 펼쳐 넣고, 비는 부분 없이 묻혀 준다. 10분 정도 그대로 둔다.

4　냄비에 튀김용 기름을 넣고 170도로 가열하고, 3을 넣는다. 도중에 위아래를 뒤집어 바삭해질 때까지 5~6분 정도 튀겨내고 기름기를 제거한다.

가루를 묻혀
바로 튀기지 말고,
잠시 그대로 두자.
표면이 조금 건조해지면
더 바삭하게 튀겨진다.

지파이 만들기 필수 아이템
오향분과 타피오카 전분

오향분(왼쪽)은 팔각, 정향, 육두구, 강황, 회향, 화자오, 카다멈 등의 다양한 향신료를 섞은 것으로, 복합적인 향을 즐길 수 있다. 타피오카 전분(오른쪽)은 카사바의 뿌리나 줄기를 가루로 만든 것이다. 튀김반죽을 만들 때 사용하며, 감자 전분보다 더 쫀득쫀득한 식감을 낸다.

"촉촉한 닭가슴살을
얇게 썰어내어
진한 양파 소스를
잔뜩 뿌려 먹어보세요."

천천히 식히면
육즙이 흘러나오지 않아
촉촉하게
만들 수 있다.

지로우판

재료 · 2인분

닭가슴살 … 1장(약 300g)
파 … 1/2대
생강 … 10g
A | 물 … 4컵
　　 술 … 1/4컵
　　 소금 … 1작은술
　　 후추 … 소량
B | 프라이드 어니언 후레이크
　　　 … 1큰술
　　 간장, 굴 소스 … 각 1큰술
　　 설탕 … 1/2큰술
따뜻한 밥 … 덮밥 2인분 양
반달 모양 단무지 … 30g

만드는 법

1 파와 생강은 얇게 저민다.
2 닭고기는 두꺼운 부분에 칼집을 넣어 펼쳐서 두께를 균일하게 만든다.
3 냄비에 **A**, **1**, **2**를 넣고 중불을 올리고, 끓기 직전에 약불로 바꾼다. 도중에 위아래를 뒤집어 20분 정도 익히고, 불을 끈 다음 완전히 식힌다.
4 양파 소스를 만든다. 다른 냄비를 중불에 올린 다음, **B**와 **3**의 육수 1/2컵을 넣고 섞어가며 한소끔 끓인 후, 불을 끄고 완전히 식힌다.
5 **3**의 닭고기를 꺼낸 뒤, 포크를 사용해 결대로 가늘게 찢는다.
6 그릇에 밥을 담고 **5**를 얹은 다음, **4**를 부은 후 단무지를 곁들인다.

**바질을 가득 넣어
향을 만끽해 보자**

스파이시한 향이 나는 대만 바질은
구하기 어렵기에 쉽게 구할 수 있는
스위트 바질을 사용했다. 향을 즐길
수 있도록 요리가 다 되었을 때 넣는
것이 포인트다.

산베이지

재료 · 2인분

닭가슴살 … 1장(약 300g)

생바질 … 2가지

마늘 … 4쪽

생강 … 15g

A │ 술, 간장, 물 … 각 3큰술
　│ 설탕 … 1과 1/2큰술

참기름 … 2큰술

고춧가루 … 소량

만드는 법

1 바질은 잎을 따고, 생강은 얇게 저민다.

2 닭고기는 3등분해, 1cm 두께로 비스듬히 썬다. 끓는 물에 살짝 데친 다음, 체에 올린다.

3 프라이팬에 참기름을 두르고 중불로 달군다. 통 마늘과 생강을 넣고 갈색이 될 때까지 볶는다. **2**를 넣고 고기가 잘 익을 때까지 함께 볶는다. **A**를 넣고 한차례 끓고 나면 약불로 바꿔 뚜껑을 덮고 10분 정도 끓인다.

4 뚜껑을 열고 국물이 걸쭉해질 때까지 끓이다가, 바질을 넣고 살짝 섞어준다. 그릇에 담고 고춧가루를 뿌린다.

일 때문에 자주 한국에
갈 때가 있는데,
일이 끝난 뒤에는
종종 다른 사람들과 뒤풀이를 했습니다.
한국 사람들은 닭고기 요리를 좋아해서
전문점이 그렇게나 많다는 점에 깜짝 놀랐지요.
늦은 밤까지 북적이는 서울의 치킨 가게에서
치킨과 맥주를 즐기는
풍경이 떠오릅니다.
한국에서는 '치킨+맥주'를
'치맥'이라고 하는데,
저도 치맥을 즐겼습니다.
그리고 치킨에 또 하나 빼놓을 수 없는 것이
'치킨 무'라고 하는 무로 만든 절임입니다.
치킨의 진한 양념과 무의 새콤달콤한 맛은
궁합이 일품입니다.

신선하고 깔끔하게 입가심한 덕에 치킨을 얼
마든지 먹을 수 있다.

양념치킨

재료 · 2인분

닭가슴살 … 1장(약 300g)

A	간 마늘 … 1작은술
	우유, 밀가루 … 각 3큰술
	술 … 1큰술
	소금 … 1/2작은술
	후추 … 1/3작은술
B	전분 가루 … 4큰술
	베이킹파우더, 설탕 … 각 1/2작은술
C	간 마늘 … 1작은술
	토마토케첩, 고추장, 미림 … 각 2큰술
	간장 … 1큰술
	설탕 … 1작은술

튀김용 기름 … 적당량

치킨 무(아래 참고) … 적당량

만드는 법

1 닭고기는 3등분해 1cm 두께로 비스듬히 썬다. 볼에 넣어 **A**를 더해 버무려서, 냉장실에 2시간 동안 둔다.
2 **B**는 섞어서 튀김옷을 만든다. **1**을 꺼내 실온이 되게 둔 다음 튀김옷을 입힌다.
3 냄비에 튀김용 기름을 넣고 170도로 달구고, **2**를 도중에 뒤집어가며 3~4분 정도 튀겨낸 다음, 기름기를 제거한다.
4 프라이팬에 **C**를 넣고 중불을 올린 다음, 한 번 끓어오르면 **3**을 넣고 잘 섞어준다. 그릇에 담고 치킨 무를 곁들인다.

치킨 무

재료와 만드는 법 · 2인분

1 무 200g은 1cm로 깍둑썰기해, 소량의 소금을 뿌리고 15분 동안 그대로 둔다.
2 그릇에 식초 1/2컵, 물 1/4컵, 설탕 4큰술, 소금 1/2작은술을 넣고 섞는다. 물기를 제거한 무를 그릇에 넣고 1시간 정도 절인다.

"임팩트 있는
진한 양념이
잘 묻을 수 있도록
튀김옷을 두껍게 해
폭신하게 튀겨냅니다."

"약불로 천천히 끓이면서
육수를 진하게 우려내면,
가슴살만으로도 감칠맛이
깊게 우러나는 백숙을
만들 수 있습니다."

닭가슴살로 만드는 닭한마리

재료·만들기 쉬운 분량

닭가슴살 ⋯ 2장(약 600g)
파 ⋯ 2대
감자(메이크인) ⋯ 2개
마늘 ⋯ 2쪽
A | 물 ⋯ 6컵
　| 술 ⋯ 1컵
　| 다시마(육수용) ⋯ 5g
　| 소금 ⋯ 1작은술

마무리로 가래떡을 넣어 보자

국물의 재료가 줄어들면 가래떡을 넣어보자. 끓여서 부드러워졌을 때 먹으면 된다.

| **B** | 고춧가루, 간장, 고추장 … 각 2큰술 |
| | 멸치 액젓, 설탕 … 각 1큰술 |

잘게 썬 쪽파 … 5대 분량

간 생강 … 15g

머스터드 … 적당량

만드는 법

1 파의 1/4는 다지고, 남은 파는 5cm 길이로 썬다.

2 감자는 껍질을 벗겨 1cm 두께로 반달 모양으로 썰고, 마늘은 반으로 썬다.

3 닭고기는 3등분한 다음, 한입 크기보다 조금 크게 썬다.

4 냄비에 **A**, **3**, 마늘을 넣고 중불로 올린 다음, 한소끔 끓어오르면 거품을 제거하고 약불로 바꿔 20분 정도 끓인다. 5cm 길이로 썬 파와 감자를 넣고 부드러워질 때까지 끓인다.

5 다진 파와 **B**를 섞어 소스를 만든다. 쪽파, 생강, 머스터드를 곁들인다. 개인 취향에 따라 식초, 간장을 넣어도 좋다. **4**를 찍어 먹는다.

사테는 인도네시아를 대표하는 요리로
소나 돼지, 토끼 등 모든 고기를 사용할 수 있습니다.
간이 세고 소스가 진하므로,
담백한 닭가슴살로 만들면 맛의 균형이 딱 좋습니다.

사테

재료 · 2인분

닭가슴살 … 1장(약 300g)

A | 간 마늘, 쿠민 가루, 칠리페퍼
  … 각 1작은술
  강황 가루, 식용유 … 각 1큰술
  고수 가루 … 2작은술
  사탕수수 설탕 … 1/2큰술
  아라비키 흑후추 … 1/2작은술
  소금 … 1/3작은술

적양파 … 1/2개

마늘 … 1쪽

B | 물 … 1/4컵
  땅콩버터(무설탕) … 50g
  사탕수수 설탕, 토마토케첩, 간장
  … 각 1큰술
  식초 … 1작은술
  고춧가루 … 소량

식용유 … 1큰술

빗 모양 레몬 조각 … 1/2개 분량

만드는 법

1 적양파, 마늘은 다져놓는다.

2 닭고기는 껍질을 벗긴 후 1.5cm 두께로 깍둑썰기한다. 볼에 담아 **A**를 넣고 버무려 1시간 정도 그대로 둔다. 나무 꼬치에 3~4개씩 꽂는다.

3 **B**를 섞는다. 프라이팬에 식용유를 두르고 중불로 달궈 **1**을 볶는다. 숨이 죽으면 **B**를 넣고 섞어 소스를 만들고, 작은 그릇에 담는다.

4 프라이팬을 가볍게 씻은 다음 중불로 달군다. **2**를 가지런히 넣고 잘 구워지면 위아래를 바꿔 전체적으로 노릇노릇하게 익을 때까지 굽는다. 그릇에 담아 레몬과 **3**을 곁들인다.

"밑간에
다양한 향신료를 사용한 만큼
구워냈을 때의 향이 특별합니다."

인도

인도에서는 닭고기를 자주 먹는데, 대표적인 닭고기 요리가 탄두리 치킨입니다.
밑간에 사용하는 향신료는 가정마다 다르지만, 일본에서도 대중적인 쿠민을 사용하면 바로 인도의 맛이 납니다.

탄두리 치킨

재료 · 2인분

닭가슴살 … 1장(약 300g)

A ｜ 플레인 요구르트 … 4큰술
　　｜ 간 마늘 … 1작은술
　　｜ 간 생강 … 1작은술
　　｜ 카레 가루 … 1/2큰술
　　｜ 소금, 꿀, 파프리카 가루 … 각 1작은술
　　｜ 쿠민 가루 … 1/2작은술
　　｜ 고춧가루 … 1/4작은술

식용유 … 1큰술

반달 모양 레몬 조각 … 소량

만드는 법

1　닭고기는 껍질 면이 아래로 가게 해서, 두꺼운 부분에 칼집을 넣은 후 펼쳐서 두께를 균일하게 만든다.

2　비닐봉지에 **A**를 넣고 섞은 다음, 1을 넣어 버무린다. 냉장실에서 하루 숙성한다.

3　**2**의 비닐봉지에서 닭고기를 꺼내 물기를 닦는다. 프라이팬에 식용유를 두르고 중불로 달군 다음 닭고기를 껍질 면을 아래로 놓는다. 잘 구워지면 위아래를 뒤집어 약불에 3~4분 굽는다.

4　한입 크기로 썰어 그릇에 담고, 취향에 따라 파프리카 가루를 조금 뿌린 다음, 레몬을 곁들인다.

이탈리안 셰프인 친구의 레스토랑에서 먹어본 밀라노 스타일 커틀릿은 지금까지 먹었던 것과는 완전히 달랐습니다.
튀김옷을 몇 겹이나 겹쳐 아주 고소하고 맛있었지요. 레스토랑에서는 송아지 고기를 사용했지만,
이 레시피는 담백한 닭가슴살과도 잘 어울릴 듯했습니다. 포만감이 상당하므로 먹고 난 뒤에 만족감도 높습니다.
합리적인 가격의 닭가슴살이 레스토랑에서나 먹을 수 있을 법한 멋들어진 요리가 되는 것이지요.

밀라노 스타일 커틀릿

재료 · 2인분

닭가슴살 … 1장(약 300g)
소금, 후추 … 각 소량
빵가루 … 80g
치즈 가루 … 2큰술
달걀 … 2개
방울토마토 … 4개
루콜라 … 적당량
A | 올리브유 … 1큰술
　 | 레드와인 식초 … 2작은술
　 | 소금 … 한 꼬집
　 | 후추 … 소량
올리브유 … 4큰술
레몬 … 1/4개

두께가 1cm 이하로 될 때까지 두드린다.
섬유를 확실하게 분해해
부드럽게 만든다.

나무 꼬치로 가장자리를
살짝 찔러준 다음
빵가루와 달걀물을 번갈아 묻히면
힘들이지 않고도
튀김옷을 고르게 입힐 수 있다.

만드는 법

1 빵가루는 손으로 비벼서 곱게 만든 다음, 치즈 가루와 섞어 밧드에 담는다.
2 닭고기는 껍질을 벗기고 얇게 비스듬히 , 4등분한다. 한 조각씩 랩으로 감싸 밀대나 병 등으로 두드려 5mm 두께로 만든다. 한 면에 소금과 후추를 뿌린다.
3 다른 밧드에 달걀을 푼다. 2를 1의 밧드에 넣고 치즈 빵가루를 양면에 골고루 묻힌 후, 달걀물에 담갔다 꺼낸다. 여분의 달걀물이 다 떨어지면 다시 1의 치즈 빵가루를 골고루 묻힌다. 다시 한번 달걀물, 1의 순서로 묻힌다. 고기 형태를 정돈한다.
4 프라이팬에 올리브유를 넣고 중불로 달군 다음 3을 가지런히 넣는다. 노릇노릇하게 잘 구워지면 위아래를 뒤집어, 양면이 똑같이 노릇노릇해질 때까지 굽는다.
5 A를 볼에 넣고 섞는다. 방울토마토는 절반으로 썰어 루콜라와 함께 넣고 가볍게 무친다. 그릇에 4와 함께 담고 레몬을 곁들인다.

"바삭한 튀김옷에서
치즈 향이 물씬 풍긴다."

유럽에서는 일본과 달리 닭다리살보다 닭가슴살의 인기가 높고, 가격도 더 비쌉니다.
닭가슴살은 지방이 적고 건강하며, 뼈가 붙은 채로 판매되는 다리살보다
요리하기도 편하다는 등의 다양한 이유 때문이지요.
프랑스에도 다양한 닭가슴살 요리가 있지만, 저온의 기름에서 익히는 콩피는 닭가슴살을
가장 촉촉하게 만드는 방법인 만큼 꼭 한 번 드셔보시길 추천합니다.
보존이 쉬워서 다양한 요리에 활용할 수 있다는 점도 매력적입니다.

콩피

재료 · 2인분

닭가슴살 … 2장(약 600g)

A | 간 마늘 … 1작은술
  | 월계수 잎 … 1장
  | 소금 … 2와 1/2작은술
  | 고수 가루 … 2작은술
  | 백후추 … 1/2작은술
  | 물 … 2큰술

식용유 … 적당량
냉이 … 1/2묶음
레몬 … 적당량
홀그레인 머스터드 … 적당량

만드는 법

1 비닐봉지에 **A**를 넣고 잘 섞는다. 닭고기를 넣고 잘 버무린 다음, 공기를 빼고 입구를 닫아 냉장실에 반나절 숙성한다.

2 닭고기를 꺼내어 씻고 물기를 확실하게 닦아낸다.

3 냄비에 **2**를 넣은 다음, **2**를 덮을 만큼 식용유를 넣고 가열한다. 85도를 유지하면서 1시간 정도 익힌다. 불을 끄고 그대로 식힌다.

4 프라이팬을 중불로 달궈 **3**을 꺼내어 껍질 면을 아래로 두고, 껍질이 바삭해질 때까지 굽는다. 그릇에 담아 냉이, 레몬, 홀그레인 머스터드를 곁들인다.

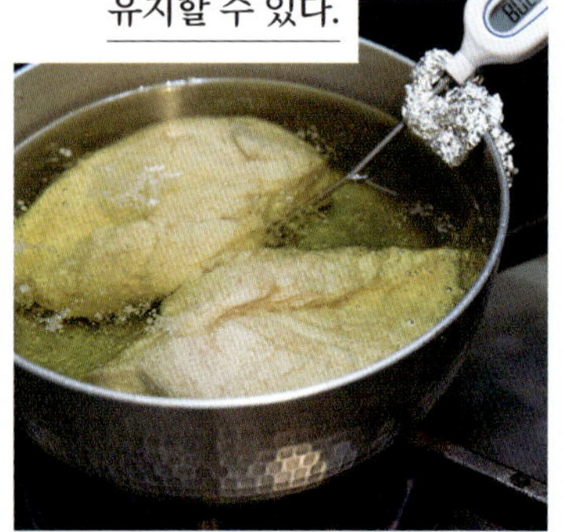

85도에서
1시간 동안 익히면
고기의 탄력과 수분을
유지할 수 있다.

껍질 면을 제대로 구워주자.
콩피이기 때문에
이렇게까지 바삭하게
구워낼 수 있다.

보관해 다양하게 활용하자

보관할 때는 만드는 법 3에서 식힌 다음 밀폐용기에 넣어 기름을 닭고기가 덮이는 높이까지 넣고, 뚜껑을 닫아 냉장실에 보관한다. 기름에 푹 담가두면 보관성이 높아진다. 만드는 법 4처럼 구워 먹어도 좋고, 먹기 좋게 찢어 샐러드에 활용하거나 얇게 썰어 샌드위치 등에 넣는 것도 좋다. 담가둔 기름은 볶을 때 활용할 수 있다.

약 **10**일 동안
보관 가능

"기름에 넣어 제대로 익힌
부드러운 닭가슴살의
껍질을 굽습니다.
고기의 촉촉함과 껍질의 고소함을
함께 만끽해 볼 수 있습니다."

프리카세

재료 · 2인분

닭가슴살 … 1장(약 300g)
소금, 후추 … 각 적당량
밀가루 … 적당량
양파 … 1/2개
양송이버섯 … 5개
표고버섯 … 2개
완두콩 … 50g
베이컨 … 4장
화이트와인 … 1/2컵
서양풍 수프* … 1과 1/2컵
생크림 … 3/4컵
물에 푼 전분 가루 … 1큰술
버터 … 40g
식용유 … 1큰술

* 서양풍 수프: 서양풍 수프
재료(가루)를 상품 표시대로
풀어 만든 것

만드는 법

1 양파는 1cm 간격으로 썬다. 양송이버섯은 얇게 썰고, 표고버섯은 기둥을 떼어내고 4등분한다. 베이컨은 1cm 폭으로 썬다.

2 닭고기는 3등분해 1cm 두께로 비스듬히 썬다. 소금과 후추를 모두 조금씩 뿌린 다음, 밀가루를 묻힌다.

3 프라이팬에 버터 20g을 넣고 중불로 달군 뒤, **2**를 펼쳐 넣는다. 갈색으로 잘 익으면 위아래를 뒤집고 전체적으로 잘 익으면 꺼낸다.

4 식용유, **1**을 넣고 재빠르게 볶은 다음 와인을 넣어준다. 한번 끓어오르면 서양풍 수프를 넣고 프라이팬에 누른 자국을 나무 볶음 주걱으로 긁어내 섞어준다. **3**을 다시 넣어 약불로 20분 정도 끓인다.

5 생크림, 버터 20g, 완두콩을 넣고 5분 정도 끓이고, 소금과 후추로 간을 한다. 물에 푼 전분 가루를 더해 살짝 걸쭉하게 만든다.

"닭가슴살을 좋아하는 프랑스에서
사랑받아 온 가정식입니다.
닭의 감칠맛이 우러난 국물을
빵으로 찍어서 남김없이 먹어봅시다."

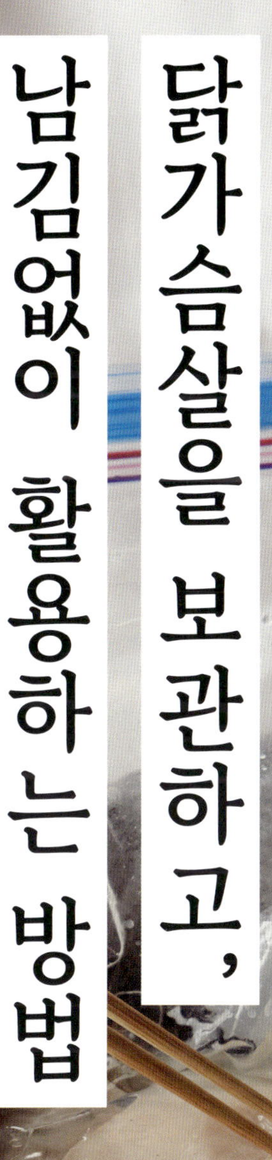

제 3 장

닭가슴살을 보관하고,
남김없이 활용하는 방법

염당수나 미소토코**로 절이는 등 한 과정을 더하는 것만으로도 식감이 좋아지고,

지금까지와는 다른 닭가슴살의 감칠맛을 느낄 수 있습니다.

게다가 닭가슴살과 껍질은 감칠맛을 내는 재료로도 일품이지요.

닭가슴살의 가치를 최대한 끌어내는 방법을 소개하겠습니다.

** 된장과 소금, 다양한 재료를 혼합해 만든 일본의 전통 발효식품.-옮긴이

염당수에 담가 두기만 해도
놀랄 만큼 부드러워진다

보존 효과가 있는 소금, 보습 효과가 있는 설탕, 그리고 물. 이 재료들을 균형 있게 섞은 염당수에 고기를 담가둡니다. 이것만으로도 놀랄 만큼 촉촉해지지요. 맛은 밑간이 베는 정도인데 보존성도 높아지니, 어떤 요리를 만들건 우선 염당수에 담가두기만 해도 좋습니다. 그 정도로 마음에 드는 밑 작업 방법입니다.

닭가슴살 염당수 절임

재료 · 만들기 쉬운 분량

닭가슴살 … 3장(약 900g)

A | 물 … 1과 1/2컵
  | 소금 … 9g(물 중량의 3%)
  | 설탕 … 15g(물 중량의 5%)

만드는 법

1 닭고기는 껍질을 벗긴다.
2 그릇에 A를 넣고, 소금과 설탕을 녹인다.
3 보관용 지퍼백에 1, 2를 넣고 흡수되도록 조금 두었다가, 공기를 빼고 입구를 닫는다. 그대로 냉장실에 하루 동안 둔다.

약 **5**일간 보관 가능

밧드에 올려 냉장실에서 보관한다. 점차 맛이 진해지므로, 이틀 정도 지나면 염당수는 버리자.

닭고기 튀김

재료 · 2인분

닭가슴살 염당수 절임 … 1장

A	간 마늘 … 1/2작은술
	간 생강 … 1/2작은술
	술, 참기름 … 각 1큰술
	간장 … 1작은술

밀가루 … 적당량

B	물 … 60mL
	달걀 … 1개
	밀가루 … 3큰술
	전분 가루 … 2큰술

튀김용 기름 … 적당량

겨자소스 … 적당량

C	식초 … 2큰술
	간장 … 1큰술
	미림 … 1/2큰술

만드는 법

1 닭고기는 3등분해 1cm 두께로 비스듬히 썬다. 볼에 넣은 다음, **A**를 더해 버무리고, 15분 정도 그대로 둔다.

2 다른 볼에 **B**의 달걀을 깨어 넣고 다른 **B**의 재료를 더해 섞어 튀김옷을 만든다. **1**의 물기를 닦아내고 밀가루를 얇게 묻힌 다음, 튀김옷을 입힌다.

3 냄비에 튀김용 기름을 넣고 170도로 달군 다음 **2**를 넣고, 중간중간 뒤집어가며 3~4분 정도 튀겨내고 기름기를 뺀다.

4 그릇에 취향에 따라 채 썬 양배추를 담고 **3**을 담은 다음, 겨자소스를 곁들인다. **C**를 섞어 소스를 만들고, 다른 그릇에 담아 곁들인다.

부드러운 닭가슴살에
두께감 있는 튀김옷을 입혀
폭신하게

레몬 버터 소테

촉촉하고 매끄러운 데다
산뜻함이 가득

재료 · 2인분

닭가슴살 염당수 절임 … 1장

밀가루 … 적당량

레몬 … 1개

화이트와인 … 1/4컵

| A | 미림 … 1과 1/2컵 |
| | 국간장 … 1작은술 |

버터 … 15g

다진 파슬리 … 소량

굵게 간 흑후추 … 소량

식용유 … 1큰술

만드는 법

1 레몬은 껍질을 벗겨 2/3은 얇게 썰고, 나머지는 즙을 짠다.

2 닭고기는 1cm 두께로 비스듬히 썬다. 물기를 닦고 밀가루를 묻힌다.

3 프라이팬에 식용유를 두르고 중불로 달군다. **2**를 양면 모두 노릇노릇하게 굽는다. 와인을 넣고 한소끔 끓인 다음, **A**, 버터, **1**을 넣고 국물이 걸쭉해질 때까지 프라이팬을 흔들며 졸인다.

4 그릇에 담고, 파슬리, 흑후추를 뿌린다.

간단히 데쳐내는 조리법으로 궁극의 포만감을 선사하는 샐러드 치킨

칼로리가 낮은 데다 고단백질에 맛있기까지 하니, 유행한 지 몇 년이나 지난 지금도 인기가 많습니다. 그래서 저도 종종 레시피를 업그레이드하기 위해 다양한 시도를 해보기도 합니다. 이전에는 육수로 끓이기만 했지만, 요즘에는 닭가슴살과 육수를 넣은 봉투째로 약불에 데치는 유센조리법*을 사용합니다. 고기의 감칠맛이 육수에 녹아들지 않고 촉촉해지기 때문이지요. 육수에 고부차를 사용하면 일식에도 양식에도 잘 어울립니다. 3장을 한 번에 만들어도 순식간에 없어질 정도로 편리합니다.

샐러드 치킨

재료·만들기 쉬운 분량

닭가슴살 … 3장(약 900g)

술 … 3/4컵

A | 물 … 3/4컵
　　생강즙 … 1큰술
　　간 마늘 … 2/3작은술
　　설탕 … 1과 1/2큰술
　　식초, 소금 … 각 1큰술
　　다시마차** … 2작은술
　　후추 … 1/2작은술

만드는 법

1　작은 냄비에 술을 넣고 중불로 가열한 뒤, 끓고 나면 식힌다. 볼에 담고 **A**를 넣어 잘 저어 준다.

2　닭고기는 껍질을 벗기고 3등분한다. 고기 전체에 포크로 구멍을 낸다.

3　내열 소재로 된 지퍼백에 **2**, **1**을 넣고, 공기를 빼고 입구를 닫는다. 냉장실에 하루 동안 보관한다.

4　냄비에 내열 접시를 놓고 물을 끓인 다음, **3**을 봉투째 그릇에 놓고 약불에 5분 정도 둔다. 뚜껑을 닫은 다음 불을 끄고, 식을 때까지 그대로 두어 잔열로 익힌다.

◎ 이렇게 먹는 방법도

폭신하고 부드러우므로 단백질이 부족한 고령자에게도 추천한다. 근육 트레이닝을 하는 분이라면 빵이나 밥 대신 먹는 것도 좋다.

뚜껑을 닫고 잔열로 천천히 익힌다.

약 **5**일간 보존 가능

잔열이 식고 나면 밧드에 올려 냉장실에 보관한다.

*　물이나 육수에 재료를 담가 간접적으로 조리하는 일본 전통 조리 방식.-옮긴이

**　잘게 썬 다시마나 다시마 가루에 더운물을 부은 차.-옮긴이

달걀 샐러드 무침

단백질이 부족하다고 느꼈다면
망설이지 말고 이 요리를

재료 · 2인분

샐러드 치킨 … 2덩어리
달걀 … 2개
A | 마요네즈 … 3큰술
국간장 … 1작은술
설탕, 겨자소스 … 각 1/2작은술
후추 … 소량
양상추, 방울토마토 … 각 적당량

만드는 법

1 달걀은 완숙으로 삶고, 껍질을 벗겨 절반으로 갈라 노른자와 흰자로 나눈다. 흰자는 잘 다진다.
2 볼에 노른자와 **A**를 넣고 잘 섞은 다음, 흰자를 넣는다. 샐러드 치킨은 손으로 찢어 넣고 가볍게 무친다.
3 그릇에 양상추, **2**를 담아내고 방울토마토를 곁들인다.

토묘, 양하, 매실, 다시마 무침

아삭아삭한 채소와의
식감 차이가 재미있다

재료 · 2인분

샐러드 치킨 … 2덩어리
토묘* … 1/2팩
양하 … 2개
우메보시(염분 10%) … 1개
A | 식용유, 식초 … 각 1큰술
간장 … 1작은술
염장 다시마 … 10g
볶은 참깨 … 적당량

* 완두콩 새싹

만드는 법

1 우메보시는 씨를 제거해 칼로 두드려 걸쭉하게 만들고, **A**와 잘 섞어 준다.
2 토묘는 뿌리를 제거해 길이를 반으로 썬다. 양하는 세로로 절반을 썰고, 가늘게 채를 썬다. 샐러드 치킨은 손으로 찢는다.
3 그릇에 **2**를 넣어 살짝 섞고, **1**과 염장 다시마를 더해 무친다. 그릇에 담고 깨를 뿌린다.

미소쓰케를 활용하면
식감이 좋아지고 감칠맛도 더해진다

미소쓰케는 오래전 식재료를 장기간 보관하려는 목적에서 시작되었습니다. 미소에 절여두면 감칠맛이 배가되며, 여분의
수분이 빠져서 식감에도 탄력이 생깁니다. 오래 절이면 절일수록 맛이 진해지기 때문에, 이틀째까지는 구워 먹고, 3일째부
터는 볶아 먹기를 추천합니다. 한번 쓴 미소를 한 번 더 써도 되지만, 절이는 시간은 좀 더 늘리는 것이 좋습니다.

닭가슴살 미소쓰케(된장 절임)

재료·만들기 쉬운 분량

닭가슴살 … 3장(약 900g)

A　｜　미소 … 100g

　　｜　술 … 40mL

　　｜　설탕 … 40g

만드는 법

1　닭고기는 껍질을 벗겨 3등분한다.

2　A는 잘 섞어 준다.

3　보관용 지퍼백에 1, 2를 넣고, 공기를 뺀 다음 입구를 닫
　는다. 냉장실에서 하루 동안 보관한다.

◎ 이렇게 먹는 방법도

닭가슴살 미소쓰케 한 덩이와 좋아하는 채소를 함께 구
으면 도시락 반찬으로도 좋다. 닭가슴살에 맛이 확실하
게 배어 있으므로 채소에 간을 더할 필요가 없다.

약 **5**일간 보관 가능

밧드에 올려 냉장실에서 보관한다.

닭가슴살 미소쓰케 구이

재료 · 2인분

닭가슴살 미소쓰케 … 2덩어리
식용유 … 1큰술
간 무 … 적당량
영귤 … 1/2개
고춧가루 … 소량

만드는 법

1 닭가슴살 미소쓰케에서 미소를 닦아내고 1cm 두께로 썬다.
2 프라이팬에 식용유를 넣고 중불로 달군다. **1**을 나란히 넣어 양면이 노릇노릇하게 구워질 때까지 굽는다.
3 그릇에 담고 간 무를 곁들여 고춧가루를 뿌린다. 영귤을 절반으로 썰어 함께 담는다.

닭고기 오이 볶음

재료 · 2인분

닭가슴살 미소쓰케 … 2덩어리
오이 … 2개
파 … 1/3대
A │ 술 … 2큰술
│ 전분 가루 … 1큰술
소금 … 소량
참기름 … 1큰술

만드는 법

1 오이는 소금을 적당히(분량 외) 뿌려 문지른 다음 물에 씻어내고, 세로로 반으로 갈라 씨를 발라내고 어슷하게 얇게 썬다. 파도 어슷하게 얇게 썬다.
2 닭가슴살 미소쓰케에서 미소를 닦아내고 1cm 사각 막대 형태로 썬 다음, **A**를 넣어 버무린다.
3 프라이팬에 참기름을 넣고 중불로 달궈 **2**를 볶고, 고기가 잘 익고 부드러워지면 **1**을 넣고 소금을 뿌려 재빠르게 볶아낸다. 그릇에 담아낸 다음 취향에 따라 실고추를 뿌린다.

다진 닭가슴살로
국물을 우려내면 최고의 감칠맛을 느낄 수 있다

중국요리에서는 맑은 국물을 청탕이라고 합니다. 보통은 국물을 낼 때 닭 뼈를 사용하는데, 저는 닭고기 중에서도 감칠맛이 강한 닭가슴살이 잘 어울린다고 생각합니다. 게다가 끓이는 시간도 닭 뼈로 만들 때는 1시간이나 걸리지만, 다진 닭가슴살이라면 단 15분이면 됩니다. 다진 닭가슴살을 사용하면 맛있는 청탕을 쉽게 만들 수 있습니다. 우선 그대로를 맛본 다음, 채소나 두부를 더하거나, 라멘 국물로 활용해도 좋습니다. 남은 다진 고기도 활용할 수 있으므로 음식물을 낭비할 일도 없지요.

다진 닭가슴살로 만드는 청탕

가열하기 전에 다진 고기의 수분을
잘 가두는 것이 비결이다.
한 번에 섞지 말고, 조금씩 섞자.

재료·만들기 쉬운 분량

다진 닭가슴살 ⋯ 200g
파의 초록 잎 부분 ⋯ 1대 분량
다시마(육수용) ⋯ 5g

A	물 ⋯ 4컵
	술 ⋯ 3큰술
B	미림, 국간장 ⋯ 각 1큰술
	소금 ⋯ 소량

만드는 법

1 **A**는 잘 섞어둔다. 그릇에 다진 닭가슴살을 넣고 **A**를 조금씩 따라 손으로 잘 섞어 흡수시킨다.
2 냄비로 옮겨 파, 다시마를 넣고 중불로 가열한다. 나무 주걱으로 섞으면서 삶은 다음, 끓어오르면 거품을 깨끗이 걷어내고, 약불로 바꿔 10분 정도 끓인다.
3 채로 거른 다음 **B**를 넣고 살짝 섞는다.

남은 다진 고기로 만드는 만능 소보로

식감이 포슬포슬하고 가볍지만 포만감은 충분합니다.
볶음 요리 재료로도 사용할 수 있고, 활용도가 좋습니다.

완전히 식으면 보관 용기에 넣어 냉장실에서 보관한다.

재료와 만드는 법

1   파 1/3대, 마늘 1쪽, 생강 10g은 잘 다져놓는다.
2   굴 소스 2큰술과 설탕, 술, 미소 각 1큰술, 고춧가루 소량을 섞는다.
3   프라이팬에 식용유 1큰술을 넣고 약불에서 달군다. 1을 볶은 다음, 향이 나기 시작하면 청탕을 만들고 남은 다진 고기를 모두 넣고 볶는다. 다진 고기가 잘 풀리면 중불로 올려 2를 넣고 1분 정도 볶아준다.

다진 고기가 냄비 바닥에
들러붙지 않도록
처음에는
잘 저어줘야 한다.

고기가 덩어리져서
국물이 투명해지면
건져 올리자.

닭 껍질을 육수 팩처럼 사용해 보자

감칠맛이 가득한 껍질을 요리에 사용하지 않고 그냥 버리기는 너무 아깝습니다. 정식 요리사가 되기 전에 일했던 가게에서 쓰던 방법인데, 저도 이 방법을 배워서 냉동해 둔 다음 감칠맛을 낼 때 사용합니다. 한 장씩 돌돌 말아서 각각 랩으로 싸두고, 냉동용 보관 용기에 넣어 냉동실에서 보관합니다(p.11). 요리를 만들다가 맛이 조금 부족하다고 느껴지면 넣어보기를 추천합니다. 감칠맛과 깊이를 더해주는 데다, 고명 역할도 하므로 요리의 만족도를 높여줄 것입니다.

약 **1** 개월 보관 가능

닭 껍질 무조림

재료 · 만들기 쉬운 분량

닭 껍질(냉동 · p.11) … 3장
무 … 400g
A | 육수 … 4컵
　　| 미림, 간장 … 각 3큰술
　　| 설탕 … 1작은술
겨자소스 … 소량

만드는 법

1 무는 껍질을 벗겨 3cm 두께 반달 모양으로 썰고, 물에 넣고 부드러워질 때까지 삶는다. 다 익으면 물기를 제거한다.

2 냄비에 **A**, 1, 냉동 닭 껍질을 넣은 후 강불에서 끓인다. 한소끔 끓어오르면 약불로 바꾸어 20분 정도 졸인다. 불을 끄고 실온이 될 때까지 식힌다.

3 닭 껍질은 한입 크기로 썰어 냄비에 다시 넣고, 다시 강불에 올려 끓으면 불을 끈다. 그릇에 담고 겨자소스를 곁들인다.

매콤달콤해서
흰밥에도 술에도 잘 어울린다

매콤 닭 껍질
곤약 볶음

재료 · 2인분

닭 껍질(냉동 · p.11) … 3장
곤약 … 1장
고운 고춧가루 … 1큰술
A   술 … 3큰술
     간장 … 2큰술
     설탕 … 1과 1/2큰술
참기름 … 1큰술

만드는 법

1 닭 껍질은 자연해동으로 절반 정도 해동한 뒤, 5mm 폭으로 썬다.

2 곤약은 손으로 한입 크기로 뜯어서 물에 넣고 살짝 데친 다음, 끓는 물에 10분 정도 삶는다. 채반에 올려 물기를 뺀다.

3 프라이팬에 참기름을 넣고 중불로 달군 다음 1, 2, 고춧가루를 넣고 볶는다. 잘 섞이면 A를 넣고 국물이 없어질 때까지 볶는다.

닭 껍질의 감칠맛이
무에 잘 스며든다

닭 껍질 죽순 솥밥

재료 · 3~4인분

닭 껍질(냉동 · p.11) ··· 3장
데친 죽순 ··· 1개
쌀 ··· 2홉(360mL)
A | 물 ··· 340mL
　 | 다시마(육수용) ··· 5g
　 | 술, 국간장 ··· 각 2큰술
산초나무 어린잎 ··· 소량

만드는 법

1 A를 잘 섞는다. 쌀은 밥을 짓기 30분 전에 씻어서, 체에 밭친다.
2 죽순은 한입 크기로 썰어 살짝 씻어내고, 끓는 물에 삶은 다음 물기를 제거한다.
3 도자기 냄비에 쌀을 넣고, 다시마를 제외한 A를 넣어 잘 섞은 뒤 2를 펼쳐 올린 다음, 냉동된 닭 껍질과 다시마를 넣고 뚜껑을 닫은 다음 강불에 올린다. 끓어오르기 시작하면 중불로 바꿔 5분, 약불로 바꿔 15분 동안 둔다. 불을 끄고 5분간 뜸을 들인다.
4 닭 껍질과 다시마를 꺼내어 얇게 채를 썬 다음, 다시 냄비에 넣고 섞는다. 그릇에 담아 산초나무 어린잎을 곁들인다.

둥그런 형태를
살리기 위해
모양을 흐트러트리지 않고
썬다.

다시마도 얇게 채 썰면
훌륭한 고명이 된다.

식감을 좋게 만드는 죽순에
닭 껍질의 감칠맛을 더한 요리

담백한 만큼 짠맛과 매콤한 맛과의 궁합이 좋습니다.
써는 방법에 따라 자유자재로 형태를 바꿀 수 있기에
재미있는 외견을 연출할 수도 있지요.
닭가슴살은 술안주를 만드는 데 탁월한 식재료입니다.
어울리는 술도 추천했으니 참고하시기를 바랍니다.

가라시도리(중화풍 매콤 닭튀김)

닭가슴살 … 1장(약 300g)
소금, 후추 … 각 소량
달걀물 … 1개 분량
밀가루 … 2큰술
전분 가루 … 적당량
A │ 육수 … 1과 1/2컵
　│ 식초 … 2큰술
　│ 미림, 국간장
　│ 　… 각 1과 1/2큰술
　│ 두반장, 겨자소스
　│ 　… 각 1작은술
식용유 … 적당량
물에 푼 전분 가루 … 2큰술
양상추 … 2장

1 양상추는 채 썬 다음 물로 가볍게 씻어 아삭하게 만들고, 물기를 제거해 냉장실에서 차갑게 보관한다.
2 닭고기는 껍질 부분을 아래로 해서 세로로 두고, 두께감 있는 부분에 칼집을 넣어 두께를 균일하게 만든다. 소금, 후추를 뿌린다. 볼에 담은 다음 달걀물과 밀가루를 넣고 잘 묻힌다. 전분 가루를 묻혀 5분 정도 그대로 둔다.
3 프라이팬에 식용유를 2cm 깊이로 넣고 중불로 달군 후, 2를 껍질 면을 아래로 넣고 3분 정도 튀기고, 위아래를 뒤집어 3분 더 튀겨낸 다음 기름기를 뺀다. 먹기 좋은 크기로 썬다.
4 냄비에 A를 넣고 중불에 올리고, 끓어오르기 시작하면 물에 푼 전분 가루를 넣어 걸쭉하게 만든다.
5 그릇에 1을 깔고 3을 담은 다음, 4를 붓는다.

🥛 맥주 또는 소흥주와 함께

"지금까지도 잊지 못하는
교토 중화요리 식당의 맛을 재현했습니다.
바삭하게 튀긴 닭가슴살에
적당히 매콤한 소스를 듬뿍 붓습니다."

야키토리 3종

닭가슴살 … 1장(약 300g)

소금 … 소량

푸른 차조기 잎 … 5장

우메보시 … 2개

A | 간 무 … 2큰술
  | 유즈코쇼* … 1/2작은술

겨자소스 … 소량

레몬 … 적당량

"다양한 맛을 즐기고 싶다면,
단연코 소금구이가 최고입니다.
산미, 매콤함, 향긋함 등
다양한 변화를 곁들일 수 있으니 말이지요."

만드는 법

1. 푸른 차조기 잎은 채를 썰고, 살짝 씻은 다음 물기를 제거한다. 우메보시는 씨를 발라내고 칼로 두드려 준다.

2. A는 잘 섞는다.

3. 닭고기는 껍질을 벗기고 한입 크기로 썰어, 꼬치 6개에 3~4개씩 끼워 소금을 뿌린다.

4. 프라이팬을 중불로 달궈 3을 나란히 넣고 굽는다. 잘 구워지면 위아래를 뒤집어 노릇노릇하게 굽는다.

5. 그릇에 담아 2개는 우메보시와 차조기 잎을, 2개에는 와사비를, 남은 2개에는 2를 얹고 레몬을 곁들인다.

🥛 레몬 사와 또는 맥주와 함께

고기를 뒤집는 타이밍은
굽는 시간이 아닌, 고기 색을 봐야 한다.
전체적으로 갈색으로 잘 익었는지를 보고 판단하자.

* 유자와 고추를 갈아 만든 일본 조미료.-옮긴이

낫토말이 구이

닭가슴살 … 1장(약 300g)
소금 … 소량
히키와리 낫토*(소스 포함) … 2팩
쪽파 … 3대
구운 김 … 2장
간 무 … 100g
영귤 … 1개
간장 … 소량

1 낫토는 포함된 소스를 섞고, 쪽파를 잘게 썰어 넣어 섞는다.
2 닭고기는 껍질을 벗겨 얇게 비스듬히 썬 다음, 소금을 뿌린다.
3 구운 김은 절반으로 나눈다. 그중 하나를 세로로 길게 둔 다음, 끝 부분에 3cm 정도를
   남겨두고, 2의 1/4 분량을 잘 펼쳐 놓는다. 앞쪽에 조금 공간을 두고 1의 1/4 분량을 가
   로로 길게 올린 다음 손 앞쪽부터 만다. 똑같이 전부 4개를 만든다.
4 프라이팬을 중불로 달궈 3을 나란히 넣는다. 굴려 가며 고기가 잘 익도록 굽는다.
5 한입 크기로 썰어 그릇에 담고, 간 무에 간장을 부어 곁들이고, 영귤을 절반으로 잘라
   곁들인다.

차가운 일본주와 함께

얇게 썬 닭고기를 놓은 다음,
김에 잘 붙게끔
손끝으로 가볍게 눌러주자.

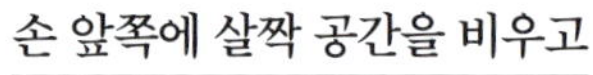

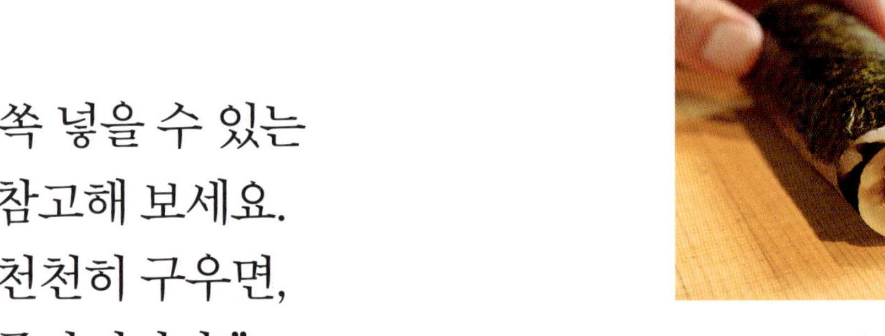

손 앞쪽에 살짝 공간을 비우고
낫토를 놓으면
김을 말기 쉽다.

"한입에 쏙 넣을 수 있는
김밥을 참고해 보세요.
전체를 천천히 구우면,
풍미가 좋아집니다."

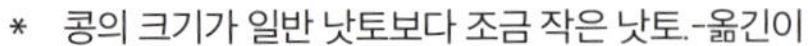

* 콩의 크기가 일반 낫토보다 조금 작은 낫토.-옮긴이

스이죠도리 도사스 젤리

재료 · 2인분

닭가슴살 … 1장(약 300g)
전분 가루 … 적당량
오이 … 1개
오크라* … 4개
소금 … 적당량
판젤라틴 … 3g

A	육수 … 1/2컵
	식초 … 2큰술
	설탕, 미림, 국간장 … 각 1큰술

만드는 법

1 젤라틴은 봉투 표시된 대로 불린다. 냄비에 **A**를 넣고 중불로 가열하고, 끓기 시작하면 젤라틴을 넣어 잘 섞고, 녹으면 불을 끈다. 냄비 바닥에 얼음물을 대고 식힌다.

2 오이는 잘게 썰어 소금을 뿌려 절인 다음, 물기를 짜낸다. 오크라는 소금으로 표면을 잘 문질러 솜털을 제거한 다음, 뜨거운 물에 살짝 데쳐 얼음물에 담근다. 물기를 닦아내어 잘게 썬다.

3 닭고기는 껍질을 벗겨 3등분한 다음, 1cm 두께로 비스듬히 썬다. 전분 가루를 묻혀 뜨거운 물에 1분 정도 데치고, 얼음물에서 담갔다가 물기를 닦는다.

4 그릇에 **3**과 **2**를 담고, **1**을 부숴 넣는다.

차가운 일본주와 함께

전분 가루를
얇게 묻혀 익히면
식감이 매끄러워진다.

차갑게 먹는 안주인 만큼
확실히 식혀주자.
얼음물에 담그면
광택도 좋아진다.

* 고추와 유사한 오각형 모양의 채소.-옮긴이

'삶은 닭고기'로
이자카야의 안주를

일이 끝나면 '맛있는 안주를 곁들여 지금 당장 한잔하고 싶다'라고 생각하는 저 같은 사람은 '삶은 닭고기'가 소중합니다.

폭신함이 특징인 이 요리는 간단히 삶기만 하면 되기 때문에 쉽게 만들 수 있고, 어떤 재료와도 어떤 맛과도 잘 어울립니다.

안주나 반찬으로 활용할 때는 다른 식재료와 무치기 쉽도록 작게 찢는다. 1cm 두께로 썰어서 그대로 먹거나(p.12), 매콤한 소스를 부어 요다레도리(p.42)를 만들거나, 메인 요리로 즐겨도 좋다.

"와사비가 포인트가 되는 진미.
밥과 함께 먹어도 좋습니다."

삶은 닭고기 니시키기
(가다랑어포 무침)

재료 · 2인분

삶은 닭고기(p.12) ⋯ 1/2장
무 ⋯ 100g
푸른 차조기 잎 ⋯ 3장
구운 김 ⋯ 1/2장
가다랑어포 ⋯ 5g
간 와사비 ⋯ 1작은술
간장 ⋯ 2작은술

만드는 법

1 무는 잘 갈아서 물기를 제거한다. 차조기 잎은 잘게 채 썬다. 김은 작게 찢는다.
2 삶은 닭고기는 손으로 찢는다.
3 그릇에 1, 2를 넣고 가다랑어포, 간 와사비, 간장을 넣고 살짝 무친다.

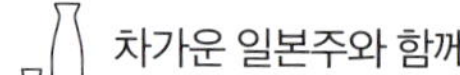 차가운 일본주와 함께

삶은 닭고기 냉이 키위 무침

재료 · 2인분

삶은 닭고기(p.12) … 1/2장

냉이 … 1/2묶음

키위 … 1개

A 올리브유 … 1큰술

│ 레몬즙 … 1/2큰술

│ 소금 … 2꼬집

│ 굵게 간 흑후추 … 소량

만드는 법

1 냉이는 잎을 딴다. 삶은 닭고기는 손으로 찢는다.

2 그릇에 **A**를 넣고 섞는다. 키위는 껍질을 벗겨 포크 등으로 거칠게 으깬 다음, 그릇에 함께 넣어 섞어준다. **1**을 넣고 살짝 무친다.

화이트 와인 또는 샴페인과 함께

삶은 닭고기 연근 명란 무침

재료 · 2인분

삶은 닭고기(p.12) … 1/2장

연근 … 100g

매운 명란젓 … 1/2개

A │ 참기름, 미림, 국간장 … 각 1작은술

볶은 참깨 … 소량

만드는 법

1 연근은 껍질을 벗겨 얇게 썬다. 뜨거운 물에 살짝 데친 후, 체에 밭쳐 물기를 제거한다.

2 삶은 닭고기는 손으로 찢는다. 명란젓은 얇은 껍질을 벗겨 풀어준다.

3 그릇에 **1**, **2**, **A**를 넣어 살짝 무친다. 그릇에 담아 참깨를 뿌린다.

쇼츄*와 함께   * 일본 증류주.-옮긴이

시노다마키(유부 말이)

재료 · 2인분

닭가슴살 … 1장(약 300g)
유부 … 3장
그린빈 … 6개
A │ 육수 … 1과 1/2컵
   │ 미림, 간장 … 각 1과 1/2큰술
   │ 설탕 … 1큰술

만드는 법

1 그린빈은 뜨거운 물에 살짝 데쳐 체에 거른다. 잔열이 식고 나면 꼭지를 잘라낸다.
2 같은 물에 유부를 살짝 데쳐 기름기를 빼고, 물기를 짜낸다. 긴 면을 1개만 남기고 3개 면에 칼집을 넣어 정사각형 모양으로 펼친다.
3 닭고기는 껍질을 벗겨 1cm 두께의 막대 형태가 되도록 6개로 썬다.
4 유부 1장을 펼쳐, 손 앞쪽에 1의 그린빈 2개와 3의 닭고기 2개를 길게 놓고 손 앞쪽부터 둥글게 만 다음, 이쑤시개로 3곳을 고정한다. 똑같이 3개를 만든다.
5 냄비에 넣어 A를 넣고 중불로 가열한다. 끓어오르면 약불로 바꾼 다음, 알루미늄 포일로 덮어 10분 정도 익힌다. 불을 끄고 식힌 다음, 잔열이 없어지면 이쑤시개를 빼고 한입 크기로 썬다.

따뜻하게 데운 일본주와 함께

닭가슴살이 유부에서
조금 빠져나와도 괜찮다.
굵기를 균일하게 하는 것이
중요하다.

다 말고 나서
이쑤시개를 3곳에
수평으로 고정하면
그 형태 그대로 익힐 수 있다.

"고깃집에서 파는
파 우설을 떠올려 보자.
고기에 밑간을 할 때 참기름을 사용하면
한층 깊고 풍부한 맛이 난다."

닭가슴살 파 소금구이

재료 · 2인분

닭가슴살 … 1장(약 300g)

A | 간 마늘 … 1작은술
    | 참기름 … 1과 1/2큰술
    | 소금 … 2/3작은술
    | 후추 … 1/3작은술

파 … 1/2대

B | 간 무 … 3큰술
    | 다시마차 … 1작은술
    | 참기름 … 1큰술
    | 미림 … 1작은술

반달 모양 레몬 조각 … 적당량

만드는 법

1 파는 잘게 다져서 **B**와 섞는다.

2 닭고기는 껍질을 벗겨 얇게 비스듬히 썬 다음, **A**를 넣고 버무려 재워 놓는다.

3 프라이팬을 중불로 달궈 **2**를 나란히 넣고, 잘 익을 때까지 굽는다. 위아래를 뒤집어 살짝 구워 안까지 익힌다.

4 그릇에 담아 **1**을 얹은 다음, 레몬을 곁들인다.

맥주와 함께

제 5 장

닭가슴살로 만드는 호화로운 한 끼

닭가슴살은 한 장이라도 꽤 양이 많으므로
밥이나 면과 함께 먹으면 충분히 배가 부릅니다.
면류의 쯔유를 만들 때 함께 익히면
더 고급스러운 요리를 만들 수 있습니다.
다리살보다 금방 익기 때문에 시간도 절약할 수 있고,
보기 좋은 요리를 만들 수 있다는 장점이 있습니다.

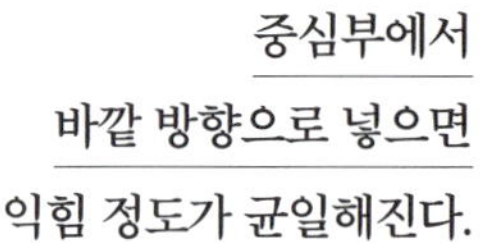

바깥쪽의 화력이 강하다.
중심부에서
바깥 방향으로 넣으면
익힘 정도가 균일해진다.

거품 같은 불순물을 걷어내자.
조금만 수고하면
보기도 좋고 맛도 좋다.

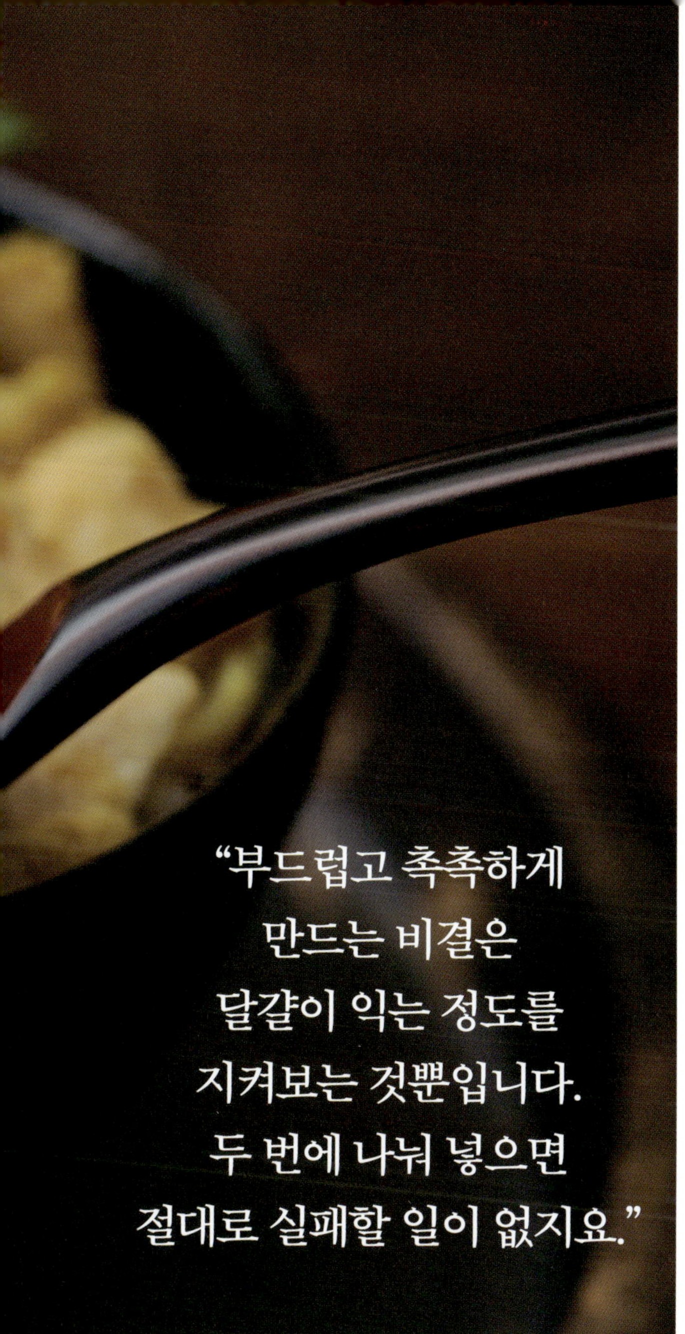

닭가슴살 오야코동

닭가슴살 ⋯ 200g
파 ⋯ 1/2대
파드득나물 ⋯ 3줄기
달걀 ⋯ 4개
A │ 육수 ⋯ 1컵
　　│ 미림 ⋯ 1/2컵
　　│ 간장 ⋯ 1/4컵
따뜻한 밥 ⋯ 덮밥 2그릇 분량

1　파는 얇게 비스듬히 썰고, 파드득나물는 1cm 길이로 썬다. 닭고기는 한입 크기로 썬다.

2　1인분씩 만든다. 작은 냄비에 **A**의 1/2, 닭고기와 파의 1/2 분량을 넣고 중불로 가열한다. 고기가 익을 때까지 끓인다.

3　볼에 달걀 2개를 잘 풀고, 거의 1개 분량을 냄비 중심에서 바깥으로 향하도록 원을 그리듯 돌리며 넣는다. 거품을 제거하면서, 흰자가 굳으면 남은 달걀도 마찬가지로 돌리며 넣는다. 두 번째 달걀이 반숙 상태가 되면 불을 끄고, 파드득나물의 절반을 넣고 뚜껑을 닫아 15초가량 둔다.

4　덮밥 그릇에 밥 1인분을 담고, 3을 미끄러지듯이 올린다. 나머지도 똑같이 만든다.

달걀은 반드시 2번에 나눠 넣어야 한다.
첫 번째 흰자가 익을 때
두 번째를 넣고 반숙이 되면 불을 끈다.

5가지 재료가 들어간 솥밥

재료 · 3~4인분

닭가슴살 … 200g

우엉 … 50g

표고버섯 … 2개

당근 … 50g

유부 … 1/2장

쌀 … 2홉(360mL)

A │ 물 … 340mL

　　 다시마(육수용) … 3g

　　 술 … 2큰술

　　 국간장, 간장 … 각 1큰술

볶은 참깨 … 소량

만드는 법

1 **A**는 잘 섞어둔다. 쌀은 밥을 짓기 30분 전에 씻어 체에 밭쳐 둔다.

2 우엉은 껍질을 벗겨 가늘게 썰고, 살짝 씻은 뒤 물기를 제거한다.

3 표고버섯은 기둥을 떼어낸 다음 얇게 썰고, 당근은 1cm 폭으로 깍둑썰고, 유부는 1cm
　 폭으로 짧게 썬다.

4 닭고기는 껍질을 벗겨 1cm로 깍둑썰고, 껍질은 1.5cm로 썬다.

5 도자기 냄비에 쌀을 넣고, 다시마를 제외한 **A**를 넣고 잘 섞은 다음, **2, 3, 4**를 넓게 펼쳐
　 얹고, 다시마를 올리고 뚜껑을 닫아 강불에 올린다. 끓어오르면 중불로 바꿔 5분, 약불
　 에 15분간 둔다. 불을 끄고 5분 동안 뜸을 들인다.

6 다시마를 꺼내어 크게 섞고, 참깨를 뿌린다.

닭가슴살 요리의
완성도를 높이려면
고기와 껍질로 나누자.

고명은 쌀 위에 넓게 펼쳐두기만 하자.
섞으면
쌀이 고르게 익지 않는다.

"담백한
닭가슴살 솥밥에
닭 껍질을 넣으면
맛에 깊이와 풍미를 더할 수 있습니다."

도리앙카케동(닭고기 소스 덮밥)

닭가슴살 … 1장(약 300g)

소금 … 소량

파 … 1/2대

배추 … 200g

당근 … 50g

표고버섯 … 3개

슈가피 … 6개

A | 육수 … 1과 1/2컵
  | 미림 … 2큰술
  | 간장 … 1과 1/2큰술
  | 굴 소스 … 1큰술
  | 간 생강 … 1작은술

식용유 … 1큰술

물에 푼 전분 가루 … 3큰술

따뜻한 밥 … 덮밥 2그릇 분량

만드는 법

1 파는 얇게 어슷 썰고, 배추는 이파리 부분은 잘게 썰고, 줄기 부분은 얇게 썬다. 당근은 직사각형 모양으로 얇게 썰고, 표고버섯은 기둥을 떼어낸 다음 얇게 썬다. 슈가피는 꼭지를 제거한 뒤 절반으로 썬다.

2 닭고기는 껍질을 벗겨 3등분하고, 1cm 두께로 비스듬히 썬 다음, 소금을 뿌린다.

3 프라이팬에 식용유를 넣고 중불로 달궈 **2**를 볶고, 고기 색이 변하기 시작하면 배추, 당근, 표고버섯을 넣고 2분 정도 볶아준다. 파, 슈가피를 넣어 1분 정도 볶은 다음, **A**를 추가해 2~3분 익힌다. 물에 푼 전분 가루를 넣어 걸쭉하게 만든다.

4 덮밥 그릇에 밥을 담고, **3**을 얹는다.

"담백한 닭가슴살에는
농도도 맛도 조금 진한 편이
딱 좋습니다."

치킨라이스

닭가슴살 … 150g

양파 … 1/2개

빨간 파프리카 … 1/4개

양송이버섯 … 2개

완두콩 … 10알

소금 … 적당량

후추 … 소량

따뜻한 밥 … 400g

A | 토마토케첩 … 4큰술
　　 미림, 간장 … 각 1작은술

식용유 … 2큰술

버터 … 2작은술

1 양파, 파프리카, 양송이버섯, 닭고기는 1cm로 깍둑썬다.

2 완두콩은 가볍게 소금물에 데쳐 물기를 제거한다.

3 프라이팬에 식용유와 버터를 넣고 중불로 달군 다음, **1**을 넣어 소금 소량과 후추를 뿌리고 볶아준다. 닭고기가 잘 익으면 밥을 넣고 볶은 다음 밥이 잘 풀어지면 **A**를 넣어 전체적으로 맛이 밸 때까지 볶는다. 그릇에 담아 **2**를 올린다.

"닭고기와 채소를
비슷한 크기로 썰면
밥과 잘 어우러집니다."

닭가슴살 매콤 카레

재료 · 2인분

닭가슴살 … 1장(약 300g)
양파 … 1/2개
셀러리 … 50g
토마토 … 1개
간 마늘 … 1쪽 분량
간 생강 … 15g
소금, 후추 … 각 적당량

A | 고수 가루, 쿠민 가루,
　　카옌페퍼, 카다멈 가루
　　　… 각 1작은술
　　강황 가루, 흑후추
　　　… 각 1/2작은술
B | 물 … 1컵
　　술 … 1/4컵
　　미림, 간장 … 각 2큰술
식용유 … 2큰술
따듯한 밥 … 적당량

만드는 법

1 양파와 셀러리는 잘게 다지고, 토마토는 잘게 썬다.
2 닭고기는 껍질을 벗겨 3등분하고, 한입 크기로 썬다. 껍질은 사방 2cm로 썬다.
3 프라이팬에 식용유, 양파, 셀러리, 마늘, 생강을 넣고 소금 1작은술을 뿌린 다음, 중불에 볶는다. 숨이 죽으면 뚜껑을 덮고 가끔 섞어주면서 10분 정도 찌듯이 볶아준다.

육수 베이스가 다 만들어지고 난 다음 재료를 넣자.
닭가슴살은 금방 익으므로
나중에 넣자.

4 토마토, **A**를 넣고 중불 그대로 전체가 잘 섞일 때까지 볶는다. **B**,
닭고기와 닭 껍질을 추가해 잘 섞은 다음, 뚜껑을 닫고 약불로 15
분 정도 익힌다. 소금, 후추로 간을 맞춘다.
5 밥을 밥그릇 등에 담았다가 다시 그릇으로 옮겨 담은 후, **4**를 담
고, 잘게 썬 쪽파를 밥 위에 얹는다.

닭 껍질을 넣으면
육수에 감칠맛이 증가한다.

**카레를 만들 때는
다양한 향신료를**

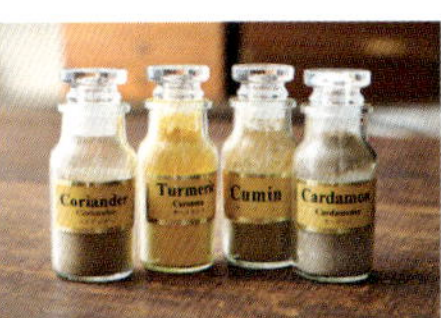

고수에는 상쾌한 향이 있고, 강황은 카
레 색의 기본이자 깊은 향을 낸다. 쿠민
은 깔끔하고 강한 향을 갖고 있으며, 카
다멈은 약간 쓴맛이 난다. 그 외에도 좋
아하는 향신료를 추가해 나만의 맛을
만들어 보는 것도 좋다.

닭가슴살의 감칠맛이 간장에 녹아들어 육수의 맛을 고급스럽게 만들어준다.
어슷썰기를 하면 단시간에도 충분히 익는다.

닭가슴살 난반소바

재료 · 2인분

닭가슴살 … 200g
파 … 1/3대
표고버섯 … 4개
파드득나물 … 2개
A │ 육수 … 4컵
  │ 미림, 간장
  │   … 각 3과 1/2큰술
  │ 설탕 … 2작은술
메밀면 … 2덩이
유자 껍질 … 소량

만드는 법

1 파는 5cm 길이로 썰고, 표고버섯은 기둥을 떼어낸다. 파드득나물은 1cm 길이로 썬다.
2 닭고기는 껍질을 벗겨 한입 크기로 비스듬히 썬다.
3 냄비에 **A**를 넣고 중불에 올린 다음, **2**를 넣고 익을 때까지 끓인다. 불순물을 걷어낸 뒤, 파, 표고버섯을 넣고 살짝 끓인다.
4 메밀면은 봉투에 표기된 대로 삶은 다음 건져서, 그릇에 담는다. 뜨거운 **3**을 부은 다음, 파드득나물을 올리고 유자 껍질을 얹는다.

불순물을 걷어내면
맛이 깔끔해져
일부러 간을 하지 않아도
그럭저럭 맛이 괜찮다(웃음).

닭고기 야키소바

닭가슴살 … 200g

A | 술, 전분 가루 … 각 1큰술
　　 참기름 … 1작은술
　　 소금 … 소량

양배추 … 1/8개

양파 … 1/2개

숙주나물 … 100g

소금 … 소량

중화면 … 2개

B | 간 마늘 … 1/2작은술
　　 술, 식초, 간장, 굴 소스
　　　 … 각 1큰술

식용유 … 2큰술

겨자소스 … 소량

만드는 법

1 양배추는 2cm 두께로 썰고, 양파는 얇게 썬다. 숙주나물은 뿌리를 제거한다.

2 닭고기는 껍질을 벗겨 5mm 두께의 막대 형태로 썬다. 볼에 담아 **A**와 잘 섞어준다.

3 **B**를 섞는다.

4 프라이팬에 식용유 1큰술을 넣고 중불로 달궈 면을 넣고 넓게 펼친 다음, 양면이 바삭해질 때까지 구운 다음 꺼낸다.

5 프라이팬에 식용유 1큰술을 더한 다음 중불로 달궈, **2**를 볶는다. 고기가 익어가면 **1**을 넣고 소금을 뿌리고 같이 볶는다. 채소의 숨이 죽으면 공간을 절반 정도 비워두고, **4**를 다시 넣어 **3**을 두르고 전체를 함께 볶아낸다. 그릇에 담고, 겨자소스를 곁들인다.

"마늘을 듬뿍 넣은 소스를
잘 구운 면과 고기와 섞어 줍니다.
계속해서 손이 간다는 것은 바로 이 맛을 말합니다."

닭고기 육수 오차즈케

삶은 닭고기(p.12) … 1/2장

A | 간 참깨 … 1큰술
　　 | 겨자소스 … 1/2작은술
　　 | 간장 … 1큰술
　　 | 미림 … 1작은술

B | 삶은 닭고기 육수(p.12) … 2컵
　　 | 소금 … 소량

파드득나물 … 3개
부부아라레(쌀 튀김) … 1큰술
김 고명 … 적당량
따듯한 밥 … 밥공기 2그릇 분량

"잘 찢어낸 닭가슴살에 간을 해
푹 우려낸 닭고기 육수에 밥을 맙니다.
식사 마무리에 어울리는 최고의 요리입니다."

1　파드득나물은 1cm 길이로 썬다.
2　삶은 닭고기는 손으로 찢어 볼에 넣고, **A**를 넣어 무친다.
3　작은 냄비에 **B**를 넣고 한소끔 끓인다.
4　밥그릇에 밥을 담고 **2**를 올린 다음, 파드득나물, 부부아라레를 얹는다.
　　뜨거운 **3**을 붓고, 김을 고명으로 올린다.

유명 식당에서 몰래 알려주는

깜짝 놀랄 만큼 맛있는 닭가슴살 반찬

발행일 2025년 7월 7일 초판 1쇄 발행
지은이 가사하라 마사히로
옮긴이 곽현아
발행인 강학경
발행처 시그마북스
마케팅 정제용
에디터 최윤정, 양수진, 최연정
디자인 정민애, 강경희, 김문배

등록번호 제10-965호
주소 서울특별시 영등포구 양평로 22길 21 선유도코오롱디지털타워 A402호
전자우편 sigmabooks@spress.co.kr
홈페이지 http://www.sigmabooks.co.kr
전화 (02) 2062-5288~9
팩시밀리 (02) 323-4197
ISBN 979-11-6862-381-1 (13590)

和食屋がこっそり教えるずるいほどに旨い鶏むねおかず
© Masahiro Kasahara 2022
Originally published in Japan by Shufunotomo Co., Ltd.
Translation rights arranged with Shufunotomo Co., Ltd.
Through Eric Yang Agency, Inc.

調理アシスタント	矢部美奈子（賛否両論）
撮影	鈴木泰介 / p.1、11、36〜39、41、59〜70、83
	竹内章雄 / カバー表1・4、帯、p.2、3、8、11、14〜35、40、96
	豊田朋子 / p.71〜82、84〜95
	原 ヒデトシ / p.7
	広瀬貴子 / p.9〜13、42〜58
スタイリング	遠藤文香
アートディレクション	中村圭介（ナカムラグラフ）
デザイン	樋口万里
	野澤香枝（ナカムラグラフ）
構成・取材・文	早川徳美
編集担当	澤藤さやか（主婦の友社）